女孩，你该这样保护自己

张　莉◎著

台海出版社

图书在版编目（CIP）数据

女孩，你该这样保护自己 / 张莉著 . -- 北京 : 台海出版社 , 2024. 7. -- ISBN 978-7-5168-3906-5

Ⅰ . X956-49

中国国家版本馆 CIP 数据核字第 2024BD7290 号

女孩，你该这样保护自己

著　　者：张　莉

责任编辑：魏　敏　　　　封面设计：天下书装

出版发行：台海出版社

地　　址：北京市东城区景山东街 20 号　　邮政编码：100009

电　　话：010-64041652（发行，邮购）

传　　真：010-84045799（总编室）

网　　址：www.taimeng.org.cnthcbs/default.htm

E - mail：thcbs@126.com

经　　销：全国各地新华书店

印　　刷：三河市越阳印务有限公司

本书如有破损、缺页、装订错误，请与本社联系调换

开　　本：710 毫米 × 1000 毫米　　1/16

字　　数：170 千字　　印　　张：12

版　　次：2024 年 7 月第 1 版　　印　　次：2024 年 7 月第 1 次印刷

书　　号：ISBN 978-7-5168-3906-5

定　　价：59.80 元

前言

PREFACE

一个 12 岁的女孩被多人霸凌和围殴，被持续扇脸，还被逼迫吃未熄灭的烟头。

一个 11 岁的女孩独自去找同学玩，结果在途中遇害。

一个 14 岁的女孩独自去和男网友见面，结果遭到性侵。

……

这些骇人听闻的事件，让我意识到，教女孩保护自己是多么重要的一件事。她们思想单纯、社会阅历少，可是对于未知的世界却总是充满了探索欲，不可避免地会遇到各种潜在的危险。假如女孩们防范意识差，缺乏安全常识，就很容易给坏人可乘之机。

学校是女孩们最常去的地方。在遭受辱骂、殴打、被排挤、被孤立等校园霸凌行为时，勇敢面对、积极求助和适当反击才是防止自己受害的最好的方法。相比身体上的霸凌，女孩之间隐性霸凌的危害也不容小觑，女孩要学会识别并避免自己受到影响。被老师、男同学骚扰时，女孩只有大声地说“不”，才能避免受到更严重的侵害。

社会的稳定和良好的治安，总会给女孩造成一种错觉，让她们误以为出门在外没有危险。其实，无论身在何处，女孩都要保持警惕。白天也有遇到坏人的可能，在同学家也未必没有危险。独自在外打车，女孩要多多留心，假如不幸被坏人跟踪、尾随，要保持冷静，再想办法求助。

网络对女孩的诱惑力很大，危险也很多。网恋虽然甜蜜，却很可能让人受骗。面对网友的完美人设、花言巧语和无微不至的关心，女孩一定要多个心眼，不要盲目相信人，以免踏入陷阱，更不要冒险和网友线下见面。非法的网贷平台和各种新型的网络骗局层出不穷，女孩要擦亮双眼，学会辨别和防范。

友谊很珍贵，但是“毒友谊”害人不浅，要坚决远离。尤其是初中阶段的女生，很容易受到同龄人的影响而“学坏”，身边有了坏朋友要及时远离。友情虽然重要，但女孩不应该为此一味地去讨好别人。对于那些喜欢实施精神控制的人，女孩也要敬而远之，免受其害。

早恋存在弊端，确实会让学习受到影响。未成年的女孩正处在为学业奋斗的年纪，不要轻易去尝试。“禁果”的后果也是女孩难以承受的。面对开房之类的要求，女孩要坚守底线，坚定地拒绝。

过去父母们总觉得女孩年龄小、身体弱，认为她们不具备对抗危险的能力，总是会充当她们的“保护神”。但其实，父母们并不能时时刻刻地保护她们。女孩要学会自己保护自己，学会面对和处置危险情况的方法，让自己得到及时的帮助和保护。

学会保护自己，女孩才能健康地成长，从容地去面对现实生活中的突发状况，面对网络世界的纷繁复杂，从而更加自信地去迎接光明的未来。

目录
CONTENTS

第一章 可怕的霸凌，不要再沉默 1

女孩之间的隐性霸凌，比你想象的可怕 2
被男同学骚扰，大声说“不” 6
遭遇“狼师”，不要选择沉默 10
学会求助，被霸凌不是你的错 13
被孤立、被排挤，勇于反击 17

第二章 外出的安全，要保持警惕 21

去同学家过夜，必须经过父母同意 22
独自打车，必知安全攻略 26
白天也有风险，避免单独外出 29
被坏人尾随，如何安全脱险 33

第三章 失控的情绪，永远不要伤害自己 37

赌气离家出走后，你会遇到的危险 38
傻姑娘，请停止自残行为吧 42
“嫉妒心”其实很正常，无须折磨自己 46
任何时候都不要拿生命赌气 49

第四章 脆弱的心理，要建立坚实的心理防线 53

你有容貌焦虑吗 54
收到同学“差评”，教你高情商回复 58
克服对批评的恐惧，才能进步 61
你可以有坏情绪，但一定不要内耗 64

第五章 网上的风险，要避开虚拟世界里的陷阱 67

小心“甜蜜网恋”背后的“温柔陷阱” 68
网恋“奔现”，请坚决拒绝 72
网贷套路深，千万别碰 75
警惕！针对女孩的新型网络骗局 79

第六章 交友的原则，一定要远离“毒友谊” 83

为什么很多女孩都是在初中被带坏 84
不必讨好，拒绝“友情脑” 88
不要轻易被人“拿捏” 91
要学会分辨真假朋友 95

第七章 懵懂的好感，要守住感情的底线 99

学习好就可以早恋吗 100
自尊自爱比成绩更重要 104
被骗开房怎么办 107
偷尝“禁果”，后果你承担不起 110

第八章 身体的秘密，要用心了解和爱护它 113

关于月经，你要知道的那些事 114
性教育的缺失，给孩子带来了哪些烦恼 117
青春痘可恶，但不能随便挤 120
减肥有度，不追求“病态美” 123

第九章 必知的法律，要学会用法律保护自己 127

面对霸凌，如何用法律手段保护自己 128
未经父母同意给主播打赏，钱能追回吗 131
被猥亵、性侵，如何把恶魔送进监狱 135
遭遇网络暴力，学会合法维权 138

第十章 伤人的语言，要避免祸从口出 141

和同学发生矛盾，不说狠话 142
高情商的女孩，懂得给人留面子 145
别人的隐私，不能随便泄露 148
揭人伤疤的话，永远不要说 151

第十一章 勇敢地拒绝，要拒绝诱惑 155

不去酒吧、KTV 等娱乐场所 156
如果有人劝你吸烟，坚决拒绝 159
面对陌生人的求助，多留一些心眼 163
被男生追求，应该怎么办才好 166

第十二章 张扬的个性，要内敛一点 169

端正价值观，远离盲目攀比 170
着装安全，穿着别太招摇、暴露 174
警惕“孔雀心态”，别让虚荣害了你 177
爱出风头的女孩，并不招人喜欢 181

章

可怕的霸凌，不要再沉默

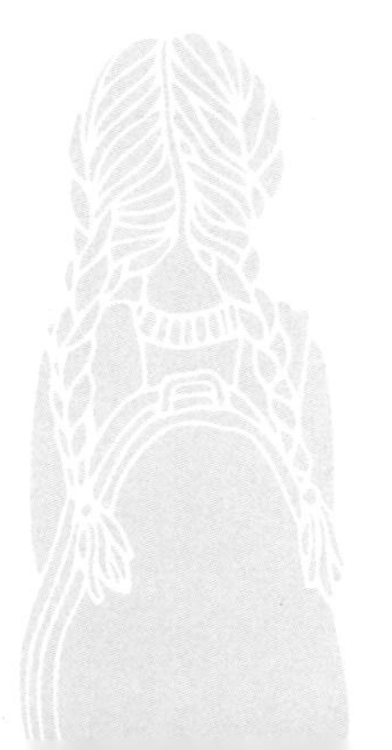

女孩之间的隐性霸凌，比你想象的可怕

相对于殴打、推搡、辱骂等暴力层面的霸凌，还有一种常见于女孩之间的隐性霸凌，通常表现为用不予理睬、绝交威胁对方，或者给对方摆脸色等。这种隐性霸凌的施暴者并不是那些“坏孩子”，反而常常是身边的亲密朋友。这种非暴力性的霸凌不易被察觉，带给女孩的伤害却比暴力行为对孩子的伤害还要大。

01

小女儿的期中考试成绩刚出炉，我拿到成绩单后大吃一惊：原先这孩子的成绩一直排在班里前五名，怎么这回跌到二十多名了？

我感到很诧异，问她：“你的成绩不是一向不错吗？前段时间复习得也挺好的，怎么考得这么差？是不是身体出了问题，没发挥好？”小女儿摇了摇头，很痛苦地说：“我没事。我只是不敢考得太好了，不然小婷和玲玲就该不理我了。”

小婷和玲玲是女儿在学校里最好的朋友，她们怎么会因为女儿成绩好就不理她呢？我实在不明白这里面的逻辑。在我的百般追问之下，女儿终于告诉我真相。原来，小婷和玲玲的成绩在班里只是中等水平，只要女儿考了好成绩，她们就会嘲讽说“我们这些学渣不配和学霸一起玩”。

偏偏小婷和玲玲这两个女孩在班上的人缘不错，只要她俩不开心，就会发动班上其他女生孤立我女儿，弄得我女儿整天提心吊胆，生怕惹得这两个“朋友”不高兴，自己遭到“特殊对待”。

听到女儿的回答，我感到既自责，又震惊。自责的是，我最近忙于工作，而且小女儿一直比较省心，我就没怎么管她。要不是因为这次孩子的成绩出现这么大的波动，我都不知道她会面临这么复杂的问题。我更震惊的是，小小年纪的孩子居然这样欺负自己的同学。

我问大女儿，她班里有没有这种情况。大女儿说，她班里有个胖胖的女生，她一出现在班里，总有几个淘气的同学喊她“肥猪”。不管是上体育课，还是参加班级活动，都没人愿意和她一起，她总是自己一个人活动。最可恨的是，有些爱搞恶作剧的同学总喜欢把她的作业本扔到垃圾桶里，害得这个女生总是哭，整个人看上去也有点抑郁。

02

父母总认为女孩子们天真烂漫，没有心机，她们之间只有纯洁的友谊。但其实，在女孩之间往往也存在着霸凌的情况，而且还是“隐形”的霸凌。

有一部韩国电影《我们的世界》，其中讲述了校园孤立事件给女孩的成长带来的影响。10 岁的李善在学校遭到孤立，她和转校生智雅成了好朋友。

智雅为了避免自己也被孤立，开始加入其他小团体，再加上她对李善的嫉妒，便逐渐冷落李善。后来，智雅和宝拉交好，和李善的关系逐渐破裂。这三个女孩在她们的世界里，既伤害自己，也互相伤害。

在传统观念中，男孩之间有了矛盾、争执，他们可能会诉诸“武力”。但是换作女孩，父母就会要求她们文静、得体，不能当众表现出负面情绪，也不能采用公开的攻击行为，总之要做一个温和的淑女。所以，当出现矛盾和纷争时，她们就会通过情感、关系等非肢体的攻击形式，用隐晦、不易被察觉的方法去解决问题。这就是为什么女孩之间总是“暗流涌动”。

年龄小的女孩往往缺乏足够的判断力，意识不到自己被欺负。有时候实施隐性霸凌的人往往是她们的朋友，导致她们明明被霸凌，却还是把对方当作好朋友。而且，女孩在受到伤害时，由于缺乏应对的经验，只能默默承受，并为此产生很大的心理压力，变得沉默寡言、心情低落，严重时甚至会出现厌学、抑郁的情况。

03

暴力霸凌会伤害身体，而这种精神上的霸凌则会伤害孩子的心灵。父母、老师也许很难察觉它的存在，但这种“悄无声息”的霸凌对孩子的危害，不亚于那些身体上的霸凌。所以，父母不应该忽视孩子精神上的痛苦。否则，等孩子出现心理异常时，情况就很严重了。

在平日，父母就要教孩子学会辨别这种隐性霸凌，告诉她们语言和行为上的霸凌都有哪些表现形式。通常来说，隐性霸凌可以分为语言霸凌和关系霸凌。前者属于语言暴力，表现为辱骂、起外号、造谣等，对于承受能力弱的孩子来说，伤害很大、影响很深。后者常见的形式有孤立、排挤、忽视等。另外，乱扔课本、毁坏作业本等也属于隐性霸凌的范畴。

孩子被孤立和被针对时，心情肯定是低落又茫然的。父母要及时察觉到孩子的不同，安抚孩子受伤的心，接纳孩子的情绪，不要指责和嘲讽孩子，也不要急于将责任推到别人身上，而要让孩子明白，父母是她坚强的后盾，愿意给她提供帮助。

安抚孩子的情绪后，父母要了解清楚事情的来龙去脉和孩子被孤立、被排挤的真正原因，这样才能更有效地帮助孩子解决问题。

那些被孤立、被针对的孩子，往往比较内向，缺乏社交技巧。孩子有了较强的社交技巧，就能够融入集体当中去，这样也能减少被区别对待的概率。

女儿，妈妈想对你说：

1. 在人与人的相处过程中，发生冲突在所难免。

2. 友谊是可以选择的。只要心向阳光，你总会遇到双向奔赴的美好友谊。

被男同学骚扰，大声说“不”

学校里，虽然男女同学之间偶尔会有打闹的行为，但是如果男孩这种行为带有明显的骚扰、侵犯意图的话，女孩坚决不能容忍，否则他们就会得寸进尺。

01

我朋友和我说了一件烦心事。她女儿欢欢今年上初一，小姑娘正是如花似玉的年纪，而且五官精致，皮肤白皙，是学校里公认的小美女。我朋友很为自己的女儿感到自豪，觉得自己特别有面子。可是，前不久欢欢身上发生了一件事，让她这个妈妈既愤怒又焦虑。

欢欢是个乖巧的孩子，性格比较温软，再加上长得好看，班上很多同学都挺喜欢她。其中就有一个男生，有事没事总是找她搭讪。欢欢觉得很烦，可是碍于同学的情面也没有多说什么。

这天，欢欢一早来到学校，教室里只有几个同学。她把书包放下后，坐到椅子上拿出课本，刚翻开一页，就突然感觉到有两只胳膊从自己的背后伸过来抱住了自己。欢欢瞬间吓得大脑一片空白，人也一动不动的。她想喊出来，可是嗓子好像被堵住了一样，发不出声音。

等到欢欢反应过来时，身后传来一阵肆无忌惮的笑声。她猛地起身，回头一看，原来就是那个男生站在自己的背后抱住了自己。此刻他正一脸戏谑地看着欢欢，周围还有几个看热闹的同学对着他俩指指点点。

欢欢又羞又愤，泪水在眼眶里打转，她害怕大喊大叫会把老师、同学引过来，只好小声地让男生赶快把自己放开。男生这才得意地放开手，回到自己的座位。

接下来的一整天，欢欢都无心听课。不安、愤怒让她不知所措。她也不好意思告诉老师，只能默默坐在座位上低着头。好不容易熬到放学，她赶快背起书包，逃出了教室。

那个男生发现欢欢没有反抗，胆子逐渐大了起来，总是时不时地摸一下欢欢的胳膊和腰，把欢欢吓得胆战心惊。

直到我朋友发现欢欢的情绪不太对，在追问之下，欢欢才一边哭一边把心里的委屈说了出来。我朋友气得直接赶到学校，和老师交涉，最后以那个男生赔礼道歉结束。

如果欢欢在对那个男生的搭讪感到不舒服时，能够及时表态，事情很可能不会发展到动手动脚和骚扰的程度。如果欢欢在那个男生第一次骚扰她时，能够严厉拒绝，后面也就不会因为那个男生的骚扰而影响学习了。

02

进入青春期后，有的男孩出于对异性的好奇，可能会对女孩做出不合适的举动。女孩在校园里被男同学性骚扰，有两种情况：一种是言语骚扰，即男孩可能会用一些低俗的语言和女孩交流，比如调侃、嘲笑女孩的身材、用粗鲁的语言攻击女孩、当众讲黄色笑话，让女孩感到很难堪；另一种是肢体骚扰，即男孩故意或强行触摸、碰撞女孩的身体，比如摸头发、摸脸、捏脸、摸手、摸腰、拉女孩的内衣、强行搂抱等。

也许男孩并没有做出性侵等犯罪行为，甚至从他们自己的角度来说，觉得自己“没有恶意”，只是出于好感，或觉得好玩。不过，无论是开玩笑，还是有意为之，这些行为都是对异性的不尊重。

从传统的角度来说，为了避免性骚扰，女孩要谨言慎行。但是，性骚扰的发生在一定程度上也和对骚扰行为的宽容有关。

从言语上的骚扰到行为上的骚扰，从摸头发、捏脸的试探到摸腰、强行搂抱等亲密的动作，男孩的骚扰行为显然是逐渐过分起来的。女孩通常会因为羞耻感，或不好意思撕破脸面，要么不敢反抗，要么不敢指证。

沉默就是纵容，女孩的忍气吞声和姑息迁就，只会让对方的骚扰更加频繁地发生在自己身上。“小偷成大盗”，对方一次得逞，就还会有第二次和第三次，甚至会有恃无恐、变本加厉，从而导致更严重的后果。

03

我把欢欢的事情告诉了两个女儿，她们问我，如果她们遇到这种男同学该怎么办？我和她们说，女孩要保护、珍惜自己的身体，要有防范意识。任何人对她们有语言上的冒犯和身体上的不当触摸都是不合理的。被骚扰不是她们的错，丢脸的也不是她们，而是对方。

有了这层底气，遇到骚扰行为，就应该当面拒绝。可以大声地呵斥对方住手，严肃地警告对方。要知道，你越是理直气壮，对方越是做贼心虚。如果对方强词夺理，你就可以大声地说出他的不轨行为，让大家一起嘲笑他。

拒绝的时候，要注意态度的坚决。如果是笑着骂对方，或和对方打闹，对方就会觉得这样很有趣，会继续实施骚扰行为。别人看到以后也会认为你们在“打情骂俏”，而不是骚扰。

除了当面制止外，还有必要告诉父母和老师，由他们来协助你处理。如果情况严重的话，可以直接报警，勇敢地站出来指证对方，这样不仅能保护自己，对别的女孩也有帮助。

女儿，妈妈想对你说：

1. 被骚扰不要觉得羞耻，要破除这种想法。
2. 对骚扰零容忍才能减少这种行为的发生。

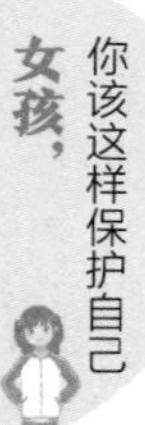

遭遇“狼师”，不要选择沉默

如果说女孩是一朵含苞待放的鲜花，那么老师就是那辛勤的园丁。有了他们，女孩才能在学校中快乐成长。可是，有些老师不仅没有呵护孩子，反而是摧残她们的罪魁祸首。

01

我曾经在网络上看到过一段视频，内容是一个中年男教师在自己的办公室里对一名女生进行性骚扰。从网络上曝光的视频来看，这个中年男老师坐在椅子上，旁边站着一个穿着校服的女生。男老师不断对女生上下其手，女生似乎想要躲闪。随后，男老师突然伸手，将女生的头揽过来强行亲吻了她，还把手多次伸到女生的衣服里。

看了这段视频后，我特别气愤。我也有两个女儿，把她们交给学校，当然希望她们能受到好的对待。我也愿意相信，大部分老师会做好教书育人的工作。可是，老师对女学生的侵害事件，还是时有发生。这让我不得不提高警惕。

02

除了父母之外，老师是孩子最尊敬的人。孩子对自己的老师，会有一种天然的信任感。老师说的话，她们不会怀疑。即使感觉到不对劲、不舒服，她们也会觉得反对老师不太好，因为“老师说的都是对的”。

再加上，很多女孩没有接受过正确的性教育，她们不知道性骚扰和性侵害是怎样的行为，也不知道要如何避免受到侵害。她们身处危险而不自知，不懂得逃避，更不懂得呼救。

正是基于这两种原因，有个别老师会利用孩子们的单纯和信任，欺骗、诱导、恐吓孩子以满足他们的欲望。有些年幼的女孩甚至都不知道自己已经被猥亵和性侵，还会帮他们隐瞒，导致自己受到更多、更深的伤害。

女孩涉世未深，经验不足，往往觉得所有的老师都是值得信任的，特别是一些看起来面善的老师，她们更愿意与之亲近。这种想法其实很危险。

虽然老师大都有师德，但是这里面确实有潜在的风险。有一些人表面看起来没有什么异常，可他们内心的真正想法，外人无从得知。谁也不知道他们会不会趁着和女孩独处的机会做出不好的行为。

03

女孩们在学校里总会有自己喜欢和倾慕的老师，我不反对她们和老师的正常接触，但是也要和老师保持一定的距离，不要和男老师过分亲密。这既是对老师的尊重，也是对自己的保护。

我教育女儿们在男老师面前，言谈举止要端庄有礼，不要因为和老师比较熟悉，就和对方撒娇、打闹。夏天穿的衣服比较薄、比较少的时候，不要和男老师贴得太近。

平日里尽量不要和男老师单独相处，也不要在办公室里只有男老师的时候进去。想找老师的话，可以再找一到两名同学，大家一起去。

如果遇到非要和男老师单独相处的情况，就尽量待在开放的房间里，不要关门。当看到老师有关门、拉窗帘等行为时，要保持警惕。

如果男老师做出一些诸如摸脸、摸手的亲昵行为，要第一时间拒绝，并且立刻离开。如果男老师做出猥亵或性侵行为，比如抚摸她们的身体或隐私部位，要求她们脱掉衣物，亲吻或故意用身体触碰她们，一定要大声呼救、尽快远离并及时告诉父母，这才是保护自己的最好的方法。

女儿，妈妈想对你说：

1. 具有防范意识，时刻保持警惕，才能保证自己的安全。
2. 猥亵和性侵是犯罪行为，即使对方是老师，也要保持警惕。
3. 并不是所有男老师都会做出不轨行为，不必因此而感到恐惧。
4. 注意保护自己，并不是要让你不尊敬老师，只是为了让你避免遭遇潜在的危险。

学会求助，被霸凌不是你的错

遭受霸凌的女孩，承受的可能是身体和心理上的双重折磨。在遭遇霸凌后，女孩要学会寻找途径，及时、勇敢地求助，这样能够增强自信，摆脱被霸凌的阴影，改写事件的结局。

邻居家的安安是个内向的孩子，但是平时见到我，她总会甜甜地叫我“阿姨”。这个孩子既善良又懂事，还特别听话。我很喜欢她。

一天，我下班后回家。在楼道里，我看见一个女孩瑟缩着蹲在地上。走近一看，原来是安安。我问她，怎么不回家？她一抬头，我才发现她脸上有一片红色的巴掌印，额头上还有一片青紫。

这伤痕一看就是被打的。我问她，是不是被同学打了？她哭着说，这已经是她第二次被打了。打她的是班里的几个女同学，这几个人看她平日不言不语，认为她好欺负，就总是找碴儿欺负她。

安安不想让家人担心，再加上觉得这很丢人，也不想声张，就一直没有向家人提起过。她的爸爸妈妈和老师都不知道这个情况。可是欺负她的女同学并没有停手，一次比一次嚣张，还打得越来越狠。

看着眼前的安安，我想起之前在网上看过的视频，视频中那个女中学生被四个同校的女生带到厕所里殴打和羞辱。那些人将女生逼到墙角，对她拳打脚踢，扇耳光、掐脖子、扯头发。被打的女生满脸是血，不停地求饶。

据悉，这已经不是施暴者第一次欺负这个女生了，之前有过两次相同的情况。受害的女生是个单亲家庭的孩子，因为父亲去世、家庭贫困，就一直没有向任何人求助。直到事件曝光，大家才知道她曾经遭受过那么残忍的欺凌和侮辱。

想到这里，我坚决地带着安安回了她的家，把情况告诉了安安的爸爸妈妈。他们知道后既愤怒，又难过。安安爸爸说明天一早就去找安安的老师和学校，一定要尽早解决这件事。

我离开安安家的时候，很认真地和安安说："孩子，你被欺负，不是你的错。有错的是那些人。你和我讲了这件事情，你做得很对。如果一直隐瞒，情况就会更严重。以后你受到伤害要懂得求助，找你的爸爸妈妈和老师，他们一定会帮助你的。"安安点了点头。

02

遭受校园霸凌的女孩，往往是一些缺乏自我保护和求助能力的女孩。她

们之所以会成为施暴者的目标，也许是因为性格内向，也许是因为成绩差，也许是因为家庭或身体等方面和别人不一样。这类女孩在被霸凌的时候，会感到害怕、愤怒、无助、羞愧，甚至内疚，觉得被霸凌是自己的问题。面对这种情况，有些女孩会逃学、辍学，以避免被欺凌，还有些女孩会在绝望之下，起了自杀的念头。

校园霸凌通常不会只有一两次，它可能会一次又一次地持续很长时间。遭受霸凌的女生可能会就此生活在恐惧之中。她们不知道施暴者下一次会在何时何地霸凌自己，更害怕施暴者会变本加厉。

受害的女孩在遭遇霸凌时，大多会忍气吞声、默默承受。她们不敢还手和反抗，也不敢向父母、老师或其他人求助。她们担心自己会遭受更大的伤害，或者给自己和家人带来麻烦。

这也是校园霸凌屡禁不止的原因。事实上，无论遭受霸凌的原因是什么，女孩都不应该忍受霸凌。可以说，施暴者就是想要通过控制受害者的行为和感受，显示出自己的强势，获得一种优越感，那就更不应该让他们得逞。

03

我知道自己不能时时刻刻地陪伴在女儿们身旁，保护她们的安全，所以我特别和她们强调过，一旦遭遇霸凌应该如何寻求帮助。

我告诉女儿们，霸凌事件发生的时候，她们会感到害怕、沮丧，甚至尴尬，这都很正常。但是她们要意识到别人对自己的霸凌，原因不在自己身上，而在于别人。靠她们自己的力量，也许无法解决这个问题。但是，这个问题必须要尽快、彻底地解决，才不会影响她们今后的生活。

认识到这一点，她们就不应该独自去承受被霸凌的心理压力。把问题讲出来才能够让问题更容易地被解决。向别人求助，并不意味着自己软弱或有什么问题，也不会遭到别人的嘲笑。相反，这是很勇敢、很明智的做法。

家人、老师和朋友永远都是她们最重要的支持者。和父母、朋友或其他值得信赖的人进行沟通，能够帮助她们宣泄情感，获得理解和支持。家人和朋友的支持，能够让她们摆脱无助的感觉。父母和老师还能够给她们提供必要的帮助和保护，陪伴她们走出这段艰难的时光。

如果有必要的话，她们还可以将被霸凌的情况报告给学校的相关工作人员，以寻求更多的帮助和指导。如果出现焦虑、抑郁等心理问题，她们可以向学校负责心理辅导的老师或是社会上的专业心理咨询师求助，争取尽早摆脱被霸凌的心理阴影。

女儿，妈妈想对你说：

1. 忍耐并不能让自己免于被霸凌，学会求助才能更好地脱困。

2. 不要相信施暴者说的话。你要相信自己，不要因为被霸凌而自责。

被孤立、被排挤，勇于反击

没人喜欢被孤立、被排挤，特别是把友情看得很重要的女孩。有的女孩受了欺负，不会反抗。其实，一味地隐忍只会助长施害者的“暴行”，学会反击才是应对这种情况的最好的方法。

01

我大女儿小时候曾遇到过被孤立的情况。一天夜里，我起床去卫生间，路过她的房间，发现里面还亮着灯。我推开房门，发现孩子趴在桌子上哭。我以为她遇到了什么严重的问题，急忙问她怎么了。孩子哭着抬起头说没事。

第二天一早，我决定和孩子好好聊一聊。在我的耐心询问下，她才说出了实情。原来，她在班里被孤立了。事情的起因是，有一天老师临时有事，安排他们先自习一会儿。老师出去以后，教室里就乱成一团。

女儿的同桌艺娜正在和后面的同学聊天。她看见我女儿还在看书，就喊道："别看了，那么用功干吗？老师又不在。"我女儿没理她们，仍然在看书。艺娜有些恼羞成怒，就和其他几个人嘲讽她再努力也考不了第一。我女儿很生气，可是也不知道说些什么，就没有说话。

从此后，艺娜就事事针对她：看到她举手回答问题，就说她"爱表现"；看到她学习，就说她"是为了吸引老师的注意"。不仅如此，她还拉拢班里的其他女生孤立她。她们不和我女儿说话，也不理她。老师让我女儿收作业，她们不配合，还故意捣乱。

我女儿向她们示好，只换来了加倍的嘲笑，弄得她经常被气哭。渐渐地，女儿就觉得是自己的问题，连学习也受到了影响。

听完女儿的讲述，我能感受到她内心的崩溃。我告诉她，一开始艺娜当面阴阳怪气时，她就应该第一时间反击，这样对方才不会得寸进尺。之后受到孤立时，她也不应该向她们求和，这只会让她们更猖狂。

女儿问我，应该怎么做？我让她从今天开始，不要在意这件事，也不要再理她们，把注意力都放到学习上面去。她们看到你根本不受影响，自己就会觉得很无趣，久而久之，就不会继续这种行为了。

02

一个人被孤立、被排挤，可能有各种原因。孩子在学校被人孤立，有的父母觉得可能是孩子自身有问题，所以才和别人格格不入。但其实，也许是因为他们比较优秀，遭人嫉妒；也许是因为一句无心的话或什么事情得罪了对方，甚至被孤立的人都不知道自己做错了什么。

孤立和排挤，其实更像是一种心理战。孤立别人的人最想看到的，就是被孤立的人痛苦、自卑、怀疑自己、怀疑人生，生活变得一团糟。总之，被孤立者越难受，他们越开心。他们觉得被孤立的人就应该是这个样子。

但是，如果被孤立的人完全泰然自若，不逃避、不瑟缩，该做什么还是做什么，那些孤立别人的人没有得到想要的结果，他们反倒会心虚、害怕，甚至会主动求和。

心理学上有种有趣的现象：共同讨厌某个人会让彼此之间的关系更加亲近。为了避免愧疚感，这些人会加重对你的恨意，以证明确实是你的问题。如果你这时候攻击他们，他们就会抱团孤立你。那时，你站在一群人的对立面，无论对错，都处于劣势。

有的女孩在感受到被孤立，特别是被一群人抱团孤立时，会下意识地认为是自己的问题。为了显得“合群”，她们会委屈自己，甚至改变自己去迎合别人，这才是真正的得不偿失。

其实，这个小团体并不稳定，只有一两个人领头，其他的人并不恨你。如果你忽略这些人，他们也不会去站队了。

所以，对于被孤立、被排挤这件事，最漂亮的反击应该是不卑不亢。当你泰然自若的时候，他们就会自乱阵脚。

我女儿的性格比较温和，不会欺负别人。但是经过这件事情，我觉得有必要让她学会该强硬的时候就要强硬一些。特别是有人对她冷嘲热讽的时候，一定要予以回击，否则别人会认为她是个软柿子，任意拿捏。

我告诉女儿，很多时候，别人欺负你，一方面是因为嫉妒，觉得你身上有些地方让他们觉得自己很差劲，感觉被比了下去；另一方面则是因为太闲，恰好在欺负你的时候，你的反应最大，这让对方很有成就感。

对付这种人，最好用的办法有两个：

一是不躲避。被孤立时不要害怕，这不是你的问题。回避、畏缩只会显得你害怕他们，而人都是欺软怕硬的。你越窝囊，他们越会变本加厉地欺负你。把他们的孤立和排挤视为小伎俩，站在比他们更高的位置去藐视这些人。他们认为自己在孤立你，你也可以认为自己在孤立他们。

二是专注于学习。一个人的时候，你才有足够的时间去学习。专注于学习才能让你变得更优秀。当你变得足够优秀的时候，任何人都会尊重你。

女儿，妈妈想对你说：

1. 被孤立不代表别人不接纳你，你只是还没有遇到接纳你的人。

2. 不把孤立当回事，不受任何影响，就是对那些人的还击。

第章

外出的安全，要保持警惕

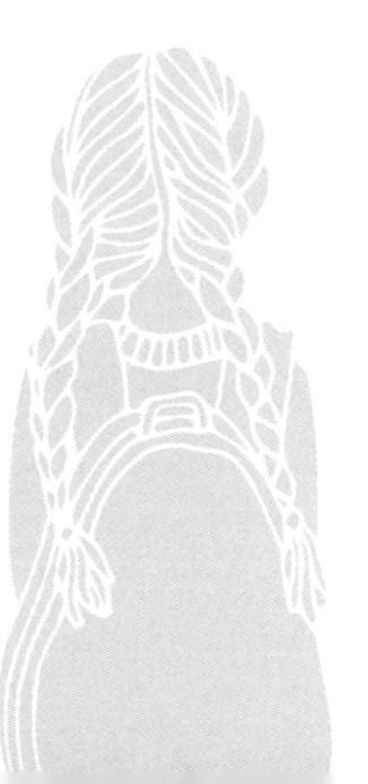

去同学家过夜，必须经过父母同意

女孩上学后，可能会和一些同学相处得不错，遇到有同学邀请她们去自家过夜的情况。面对这种邀请，女孩千万不能随便答应，因为在外面过夜涉及安全问题，一定要经过父母的同意。

01

周六，大女儿说她想和同学出去玩。我同意了，还特意嘱咐她把手机带上，有事情及时打电话。

一晃到了晚上，都八点多了，我有点不放心，就给女儿打了个电话，问她现在在哪儿、预计几点回家。在电话里女儿说他们几个人正在外面，估计还要半个小时才结束。

说完这些，女儿的声音突然变得有些犹豫。我察觉到她是想说什么，就问她怎么了。女儿又说道："妈妈，文萱刚才跟我说，她爸爸妈妈出差了。她想让我今天晚上去她家，陪她住一晚。”

文萱是女儿的同桌，也是她最好的朋友。我对这个孩子的印象还不错。不过，如果说要女儿去她家里过夜，我就觉得不太妥当。

我知道她俩的关系好，但是女儿还没有成年，独自在外面过夜实在太危险了。不过，我又不能太生硬地拒绝她，免得引起孩子的叛逆心理。

我想了想说：“妈妈知道你想陪着文萱，不过你一个女孩子在外面，妈妈很担心你。再说文萱的爸爸妈妈不在家，你们两个女孩在一起也不安全。不如你带她回咱们家来住，要是她同意，我来给她妈妈打电话。”

女儿说要先跟文萱商量一下，就挂断了电话。过了一会儿，女儿打电话说：“妈妈，文萱的妈妈不让她带我回家住，还让她赶快回家收拾东西去她奶奶家。”

女儿回到家后，很不解地问我，她们两个人是好朋友，住得也不远，还有手机可以随时联系，为什么不能住到一起呢？她气呼呼地说：“等我将来有了孩子，一定允许她和朋友住一起。”

我笑着说：“不让你们到对方家里过夜是考虑到你们的安全。等将来你们也当了妈妈以后，就明白为什么了。”

02

女孩长大以后就会有自我意识，总想要摆脱父母的束缚，独立起来。比如，和朋友一起在外面过夜，就是她们最想做的事情。为了达到目的，她们会想尽各种说辞，甚至撒娇。当父母严词拒绝时，她们就会感到很不理解，觉得父母管得太宽，双方甚至会为此发生争吵和冲突。

女孩觉得大家都是朋友，在外面一起过夜是很安全的。但其实，这个所谓的“安全”只是她们心里自认为的“安全”，并不意味着实际上的安全。父母这种做法看似“严苛”，实际上是想要规避她们可能会遭受的风险。

青少年的安全问题，很多时候和熟人有关。我们经常说，对孩子的亲朋好友也要留个心眼，更不用说孩子的同学了。而且，即便对方的家里没有男性在，也没办法完全排除其他意外的发生。未成年女孩属于弱势群体，她们的自我保护意识不强，识别危险的能力也不强。一旦遭遇危险，出于体力和心智的原因，她们很难自救。

女孩未成年时，父母对她们具有监护的责任和照顾的职责。假如真的因为一些原因无法照顾孩子，父母就需要临时把照顾的职责委托给其他成年人。所以，就算是女孩不得不在别人家中过夜，也需要征得自己父母的同意才行。

如果没有征得父母同意，女孩就擅自在同学家过夜，就相当于同学的父母未经女孩父母的允许收留了女孩，女孩的父母有权利追究同学父母的法律责任。

03

我不希望自己的女儿们夜不归宿。但在教育女儿们不要在外面留宿之前，我会先和她们进行沟通。

我会询问她们为什么想去同学家过夜，听取她们的想法和意见。之后，我会告诉她们，爸爸妈妈不允许她们在外面，包括在同学家过夜，并不是想要限制她们的自由，而是因为外面不可控的因素有很多。爸爸妈妈不让她们在外面过夜，也是害怕出了事，自己不能及时地救她们。

我告诉她们，以防万一，不要随便去同学家里过夜，尤其是在没有深入了解的情况下。即便真的要去别人家过夜，也要征得双方父母的同意。

女儿，妈妈想对你说：

1. 未成年时，凡事应该以谨慎为基本原则。

2. 当同学邀请你去她家过夜时，征求父母的意见并不丢人。

独自打车，必知安全攻略

出租车之类的交通工具虽然快捷方便，但是因为它的私密性，女孩在乘坐时也存在着一定的风险。因此，提高女孩乘坐出租车时的防范意识，让她们具备保护自己的能力，就显得特别重要。

01

我曾经在网上看过一则报道：在安徽省，一个高中女生在一天下午，从小区门口打了一辆出租车。没想到在乘坐出租车时，司机看她年龄小，一边和她聊天，一边时不时地把手伸到她的大腿上。这个司机还故意把车开得很慢。女孩特别害怕，又不敢反抗，只好顺从。她一边忍受着司机的骚扰，一边偷偷拿出手机录下了被骚扰的过程。

后来，司机还表示想送女孩回家。女孩急忙找了个借口，说自己要去超市买东西，这才逃脱了司机的“魔掌”。她一下车就赶紧报了警。因为有视频为证，司机很快就被抓获，并且对犯罪事实供认不讳。

因为乘坐网约车而发生的意外事件频出，女孩们独自打车时一定要提高警惕。

女孩出门打车时，注意以下几点，就能防患于未然，给自己的安全多一重保证。

尽量避免独自打车。无论是白天还是晚上，最好都不要一个人坐车，特别是年龄小的女孩。女孩孤身一人，会给对方一种孤立无援的感觉，容易引发犯罪。司机一般都是男性，而且大多数都是青年人和中年人。从体力上来说，一个女孩很难能够与他们抗衡，挣扎起来会很困难。车厢又是一个封闭的空间，方向盘掌握在司机手中，而且大多司机对道路非常熟悉。因此，身为乘客的女孩显得很被动，如果无法逃离车厢，被司机带到偏僻的地方，弄不好就会任人宰割。

尽量避免去偏远的地方。偏远地区，人少车少，独自乘车前往很容易给心怀不轨的司机制造下手的机会。目的地最好选择相对比较热闹的地方。

避免钱财外露。古话说“财不外露”，不要展露现金、首饰等贵重物品，就是为了避免某些人见财起意。保持低调，才能保证自己的人身安全。

避免衣着暴露。不要为了漂亮而穿太过暴露的衣服。否则，一旦遇到定力不足、见色起意的司机，就会很麻烦。

不乘坐未受监管的车辆。如果发现网约车的登记信息，比如车牌号、车型、颜色、司机的照片和实际情况不符，千万不要抱着侥幸心理去乘坐。另外，也不要贪图便宜乘坐“黑车”。

不和陌生人拼车。女孩和陌生人拼车也有风险，假如陌生人和司机是同伙，想要图谋不轨，女孩就很难逃脱。

03

我平时带女儿们出门，有时就会选择乘坐出租车或顺风车。她们跟着我也学会了一些乘车的注意事项。

无论是出租车还是网约车，最好坐后座，而不是前座。坐在后座上能为躲避、逃跑或报警提供便利。上车时可以将车牌号、司机的信息等发送给家人或朋友，告诉他们现在的位置，或是隔段时间给他们发送定位，告诉他们自己多长时间就能到家，这能够给不法司机以警示。

上车后不要只顾着和司机聊天，也不要睡觉、听音乐或玩手机。一旦感觉车辆拐向偏僻的地方，就要求就近下车。下车地点尽量选择明亮、人多的地方。

女儿，妈妈想对你说：

1. 感觉到危险时，要随机应变，机智报警，除了电话，还可以采用12110短信报警，或开窗呼救的方式。

2. 遇到司机纠缠时，要以智取胜，关键时可以用身边的一切东西保护自己。

白天也有风险，避免单独外出

很多女孩觉得白天很安全，甚至父母也会这么认为，于是很多女孩在白天外出时就放松了警惕。其实，女孩在白天外出，风险一点也不小，单独外出更应该尽量避免。

01

周六，大女儿跟我说，想要明天和同学出去玩。我答应了，并问她地址在哪里。她说地址定在新建的郊野公园。那个地方离我家很远，而且还很偏僻。

我说明天送她过去，因为去那里坐车不太方便，唯一的公交车下了车还要走上半个小时呢。她直接拒绝了我，说她和同学约好在公园门口见面，她坐车到了附近以后，可以下来走一会儿。

我知道她是怕同学看见我送她，又要嘲笑她，就提醒她安全第一，一个女孩子在那么偏僻的地方走路太不安全了。女儿满不在乎地说："这有什么，大白天能有什么事？"

在我的一再坚持下，女儿只好同意了。第二天，我把女儿亲自送到郊野公园的门口。结果发现，其他两个女同学也是被父母送过来的。我们几个妈妈还当起了"陪玩"，结束后又亲自把女儿带回了家。

回到家，女儿连连说今天玩得不够尽兴，因为有家长在旁边。我说："你可别嫌家长多事，'儿行千里母担忧'。女孩子独自在外特别容易出事，就连白天也未必完全安全啊。"

不是我们反应过度，而是有一些案例足够引起我们的重视。前不久，一个 11 岁的女孩在周末下午，和家里人说要去找同学玩。父母觉得女孩不是第一次独自外出了，而且女孩一向乖巧，从来没有贪玩过，就同意让她出门了。没想到，女孩到晚上也没有回家，自此失联。

父母没有找到女孩后便报了警。警方后来找到了女孩的尸体。经过调查得知，女孩去找同学的路上要经过一家超市、一家医院和一个湿地公园。就是在路过湿地公园的时候，她被邻村一个 38 岁的男子盯上，最终被侵害并被残忍杀害了。

被害的女孩多么无辜。我让两个女儿看了这则新闻，希望能引起她们的重视。她们都表示以后一定会注意，避免意外的发生。

02

我们经常会怀念小时候的生活，那时候孩子们到处乱跑，随便出门，从来不会出事，好像很安全。但是，现在为了保证安全，父母都会让孩子不要随便出门，特别是女孩，更被教导不要独自外出。

女孩单独外出，确实会增加其遭受不法侵害的风险。因为女孩的体型一般比较瘦小，力气也有限，在体力上处于弱势，再加上孤身一人，遇到危险时没有人帮助。如果这时女孩行走在偏僻的地方，一些犯罪分子就会把女孩作为目标。

独自在外的女孩，容易遭受偷窃、抢劫、袭击、性骚扰和性侵等威胁。而在女孩反抗的过程中，犯罪分子可能会恼羞成怒，将女孩杀害。也有些犯罪分子害怕罪行败露或本身具有心理问题，做出极端的事情，最终杀人灭口。

女孩单独外出，如果在陌生的地方遇到迷路的情况，也很危险。有的女孩缺乏方向感，又没有安全意识，迷路时就会凭着感觉到处走，很容易进入危险地带。如果女孩频繁问路，很可能会被别有用心的人盯上。

女孩单独外出，还容易遭遇紧急情况，比如突发的交通事故或急症。如果这时候身边没有其他人陪伴，或者周边没有人可以求助，女孩就会面临很大的人身安全风险。

为了避免不必要的风险和伤害，保障个人安全，女孩应该尽量避免独自外出。即使必须单独外出，也应该保持警惕，并且采取一些安全措施来保障自身安全。

相较于男孩来说，女孩在体力上是弱者，容易遭到侵害。承认这一事

实，女孩才能具有危机意识，自觉地保护自己，防范外来的风险。

我告诉女儿们，如果她们确实需要外出，一定要在出门之前告诉家人去哪里、去见什么人、做什么事情、大概什么时候回家等。让大人知道孩子的行踪，能给她们的安全多一重保障。不要觉得事关自己的隐私，就不想让别人知道。

白天出门在外，也要尽量选择和别人结伴而行，尽量避免落单，不给别人可乘之机。如果可以的话，最好找成年人一起出行，这样更加安全。

外出时尽量选择人流量较大、光线明亮的街道行走，不要为了抄近路去走狭窄、昏暗的小巷或荒凉、偏僻的路段。在外要时刻注意周围人的言行举止和表情，如果感到异常，要及时远离，并且寻求帮助。

无论是否独自出行，外出时都要携带手机，并且保持电量充足，方便及时告知家人自己的行踪和情况。同时，要确保家人能够随时联系到自己，或者在遇到紧急情况时能及时报警或求助。

女儿，妈妈想对你说：

1. 即使是白天，也要避免独自去陌生、人烟稀少的环境。

2. 做好安全防范，才能让你的出行更有保障。

被坏人尾随，如何安全脱险

在路上被人跟踪是一件令人害怕的事情，尤其是女孩，如果被人跟踪，会有各种潜在的危险。我们除了要嘱咐孩子小心，还要教她们学会采取措施来确保自己的安全，正确地摆脱跟踪。

01

女儿们每天上下学，不是我接送就是我爱人接送。我害怕她们因此意识不到女孩外出时的风险，就经常和她们分享一些相关的案例，让她们不要因此放松警惕。

某天下午，黑龙江省，一个 10 岁的女孩正独自一人走在回家的路上。突然，一名男子出现在她的身后，并问她询问时间。女孩告诉他之后就接着往前走。没想到这名男子一直跟随女孩，并且在女孩停下来时进行纠缠，要把女孩带走。

女孩拼命挣扎，奈何力气太小，一时间无法挣脱。此时一位好心的女士伸出了援助之手。她拉住了女孩的手，并且尝试向路边的车辆求助，这才把男子吓跑。

不得不说，社会上还是好人多。如果没有那位女士的帮助，女孩可能凶多吉少。不过，必须要说的是，如果女孩能够在被跟踪时就提高警惕，也就不会遭遇后面的惊魂一幕了。

同样的情形发生在广西南宁，一个十几岁的女孩拿着一个包慌慌张张地跑进一家店铺。她告诉店铺老板，自己被一个陌生男子跟踪。那人看女孩跑进店铺，就停下了脚步，在店铺门口徘徊。得知女孩想要去地铁站，老板一边走到门外呵斥男子，一边掩护女孩趁机离开。

从网络上的视频截图来看，这两起跟踪事件都是发生在白天，地点也都是在车水马龙的街道上。而犯罪分子居然胆敢在光天化日之下进行尾随，简直是胆大包天。这也给我们提了一个醒，就是要给孩子灌输自我防范意识，学会在遇到危险时自救。

02

夜晚独自外出或是行走在偏僻人少的地方的女孩，最容易被尾随，遭遇猥亵或抢劫。犯罪分子身上一般会携带尖刀、绳索等，可能还会利用摩托车、汽车等工具实施犯罪。他们会持刀威胁、逼迫女孩交出手机或钱财，或是趁女孩不备时将其挟持、捆绑并带走。

女孩被强行带走后，可能会被强暴或拐卖。有些女孩在和歹徒搏斗的时候，会受伤，甚至被杀害。还有些人则会趁女孩进入公共厕所的时候，意图偷窥，甚至用手机进行偷拍。

在被尾随时，女孩首先要注意的就是不要硬碰硬。这是因为男女之间存在力量差异，如果硬碰硬，女孩大多不能在体力上占据上风，反而会激怒对方，使自己受到伤害。

女孩在被跟踪时，还要注意保持镇静。女孩可能因为难以揣测出跟踪者的心理，导致自己更加慌乱，在心理上处于劣势，进而采取错误的方法，反而让自己陷入更危险的境地。

女孩在遭遇尾随时，最重要的是要保证自己的人身安全。有些女孩认为自己聪明，想盲目地和跟踪者周旋，或是因为想要保护自己的财产安全，不惜和跟踪者发生正面冲突。这其实不利于她们的生命安全。

想确认自己是否被尾随，可以通过三个简单的办法来验证：

更换路线。在马路上行走时，如果意识到被跟踪，可以尝试突然改变路线和走向，比如横穿马路，去马路对面，然后趁机观察身后的跟踪者是否会紧紧跟随在自己的身后。如果对方做出同样的行为，就有可能是在跟踪。

突然加快或放慢脚步。感觉被跟踪时要注意倾听身后人的脚步声，可以突然加快或者放慢自己的脚步，来测试对方是否也会保持相同的节奏。

利用玻璃的反光来观察。在路上行走时，还可以通过路边汽车的玻璃窗，或是写字楼、商场等建筑物的玻璃外墙来观察对方是否刻意尾随。

我平时经常和女儿们说，出门在外时要注意观察周边的环境和身边的

人，不要只顾着玩手机或听音乐。如果发现某个人或某辆车总是跟在自己身后，就要小心对方可能图谋不轨。

一旦发现自己被跟踪，尽量去人多热闹的地方，比如离自己最近的商场、超市、商店、餐馆、银行等公共场所，向这些地方的保安、门卫、工作人员求助，或者请他们帮忙报警、联系父母。

如果当下的地点是你比较熟悉的地方，可以在辨清方向之后快速地穿过马路，或是走到拐角的地方加速奔跑，想办法将跟踪者甩掉，然后再去人多的地方寻求帮助。这时候千万不要躲到阴暗、偏僻的地方，以免被对方堵截。

有路人经过时，可以假装对方是自己的父母或亲戚，和对方搭话并且趁机求助，让跟踪者放弃跟踪，等跟踪者离开之后再趁机逃离。

被跟踪时，还可以立即坐上周围停靠的公交车或出租车，以脱离危险。在车上可以把被跟踪的情况告诉司机，请他们帮你报警或是送你回家。

女儿，妈妈想对你说：

1. 被跟踪时，切记保持冷静，这样才能想到办法解救自己。

2. 随机应变，在保证自身安全的情况下，任何方法都可以尝试。

第

章

失控的情绪，永远不要伤害自己

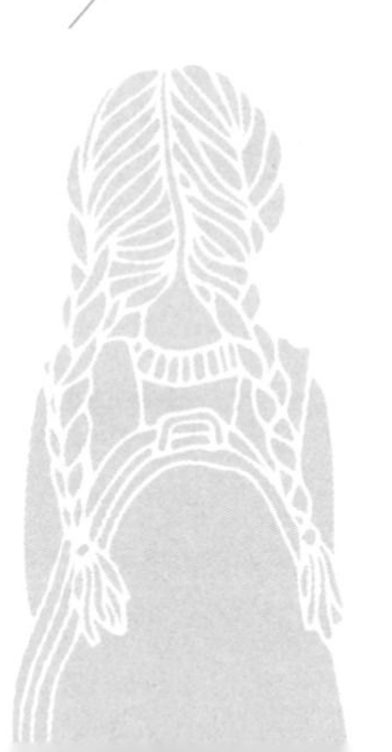

赌气离家出走后，你会遇到的危险

女孩们可能会因为各种原因和家人赌气，尤其是青春期的女孩，极可能会因此愤而出走。而留在家中的父母，则会为了她们感到万分担心和忧虑。女孩也许觉得离开家就能奔赴自由，可是却往往忽略了其中的危险。

01

我姐姐气呼呼地打来电话，说她女儿小欣昨天下午赌气离家出走。她和我姐夫发现小欣放学后没回家，给她打了好几个电话都不接。两个人跑出去找了好多地方，都没找着。我姐姐急得都快撞墙了。

两个人急急忙忙跑去派出所报警。民警立刻分头寻找，还把小欣的信息发到了网上，可是找了一整晚也没找到。第二天早上，民警终于在一家快餐店里发现了小欣。我姐姐和姐夫急忙跑过去把她接回了家。

小欣离家出走的导火索，是我姐姐和姐夫发现，自从上了初中，小欣的成绩明显下滑。他们害怕小欣不再上进，于是把她教育了一顿。小欣一气之下，决定离家出走。

我姐姐抱怨道，这孩子一出走，把他俩吓得魂不附体，连班都没上。可这孩子倒好，回来后不但不体谅他们，还跟他们冷战，也不去上学了。他们怕孩子再离家出走了，谁也不敢再说她。

我说，我又何尝不是呢？我现在和女儿们相处也是小心翼翼的，生怕说了什么她们不愿意听的话，一言不合就离家出走。

有些女孩会把离家出走当成一件很酷的事情，那是因为她们考虑得不够全面。她们没有顾及离家出走后，一个未成年女孩漂泊在外可能遇到的风险。

在河北保定，曾经有一个女孩，因为即将参加中考，父母管得很严，不堪忍受学习压力，一赌气就离家出走了。三天之后，父母才在石家庄找到了她。原来，女孩本打算寻短见，却被骗子盯上，差点被拐卖，所幸最后平安无事。

02

我们总觉得男孩子有主意，不好管，其实女孩也一样。特别是进入青春期之后，女孩也会变得有些叛逆。她们迫不及待地想要独立，对事情有了自己的观点和看法，喜欢按照自己的想法行动。虽然这些想法和行为可能不够成熟，但是她们仍然渴望能够得到父母的理解。

青春期女孩的自尊心极强，如果父母不但不表示理解，还经常否定她们，这对她们来说是一种打击。她们一旦认为父母根本不理解自己，就会产生对立情绪。这时候如果再发生争吵和冲突，就会点燃她们内心的怒火。当情绪涌上心头时，她们会在一时冲动之下产生离家出走的念头，并且付诸行动。

女孩离家出走，可能是为了对抗和惩罚父母，想让父母反省自己的问题，也可能是为了逃避父母带来的压力，甚至是为了逃脱惩罚。可是她们显然没有意识到，脱离父母的保护，会把自己置于危险的境地。

很多离家出走的女孩，年纪尚小，还无法独立生活。她们流落在外，可能会挨冻受饿，四处流浪。这些还不是最可怕的，最让人担心的是她们的人身安全。

女孩的身体弱小，如果没有家人的保护，很容易成为小偷、骗子、人贩子等犯罪分子的目标，遇到盗窃、抢劫、性侵、拐卖等情况。有的女孩为了生存或因为无知，可能会在遭受欺骗或诱惑之后，身陷非法色情交易之中。

还有些女孩本身在出走时怨气就很大，又因为孤身在外，感到恐惧和孤独。这有可能导致她们变得抑郁和偏激，出现自杀的行为。

03

作为妈妈，我知道现在对于女儿们的教育方式和态度，不能停留在以前的老观念里面了。孩子们是独立的个体，她们最需要的是父母的理解和爱，她们的感受也需要父母的重视。如果只是把她们看作附属品，随意否定她们，她们自然会萌生离开家的念头。

孩子们需要的不只是丰厚的物质条件，精神需求也应该得到满足。青春期的女孩内心总是会有很多的小情绪。我会告诉女儿们，当她们因为成绩不好感到难过时，或是觉得心理压力过大时，要学会向我们倾诉。我和我老公会倾听她们的心里话，帮助她们疏导压力。

在和孩子沟通的时候，冷静、客观、民主才能让孩子感受到尊重，她们才会愿意和我们交流。这样才能避免产生冲突，导致她们因为负面情绪而做出离家出走的行为。

与我们小时候不同，现在的孩子身上背负着各种压力。我告诉女儿们，我会尽力减少给她们的压力，希望她们能够对压力有正确的认识，学会和压力共存。

孩子涉世未深，心智不成熟，为了让她们对离家出走有全面的认识，我会把离家出走的危害和相关的案例分享给她们，让她们知道这样做的后果有多么可怕。

女儿，妈妈想对你说：

1. 你离家出走会让我们伤心，对你也没有好处，不如想个别的办法。

2. 如果你有心里话想说，我们会认真倾听。

傻姑娘，请停止自残行为吧

不知道从什么时候起，自残行为开始出现在女孩们身上。看着孩子身上的伤痕，父母不知道有多么心疼。自残，是女孩应对情绪的极端方式。但这种方式无益于女孩的心理健康，只会让她们沉溺于自毁的旋涡之中。

01

我的一个朋友是中学的心理老师。我听她说，曾经有一个女学生来找她，问她自己是不是心理有问题。当时是炎热的夏天，女孩还穿着长袖衣服。她拉开袖子，露出胳膊上几道或长或短的伤痕。女孩说这些伤痕都是她自己用刀片划的。

朋友问她，这样做的时候感觉如何？女孩说："一开始很疼，然后就逐渐麻木，没有感觉了。再过一会儿，突然感觉特别疼，接着又有点烦躁，不过之后就会感觉很放松。"女孩抚摸着那些新伤和旧伤，说："我知道划伤胳膊很痛，可还是忍不住这么做。看着鲜血从胳膊上流下来，感觉特别过瘾，特别满足。”

通过和女孩进一步的交流，朋友才了解到，女孩的父母比较忙，对她的关心不够，让她总是感觉很失落。进入初中以后，繁重的学业和不理想的成绩让她特别焦虑，再加上女孩觉得自己在班里不太受欢迎，种种压力之下，她开始失眠。

一次，她的心情很不好，就用手在胳膊上抠了一道血印，不但不感觉疼，反而体验到一种快感。从此以后，每当心情抑郁的时候，她就用刀片划伤手臂，这样心里就会舒服一点。

后来，朋友将女孩的情况告诉了女孩的父母。好在经过一段时间的心理治疗，女孩逐渐恢复正常，不再将自残当作宣泄情绪的方式。

朋友讲完女孩的故事后，语重心长地提醒我，平常一定要多关心孩子，多多注意她们的情绪变化，多多开解她们。否则，情绪不断地在心里积累，孩子很容易在崩溃之下做出一些伤害自己的举动。

自残，一般指的是人对自己身体的伤害和折磨。目前对于自残的定义主要有以下三点：

自残是个人在有意识的情况下故意实施的行为。

自残行为会导致身体受到伤害。

自残行为通常不存在明确的自杀意图。

自残的方式有很多种，抓挠、切割、咬伤、撞伤、烧烫自己的身体，用力拉扯头发，故意破坏伤口复原，等等，都是伤害身体的表现。虽然自残行为并不是以结束生命为目的，可是随着这种行为不断变得频繁和极端，会极大地增加自杀的风险。

女孩在做这些行为的时候，其实是有意识的，她们知道自己在干什么，但却控制不住。她们之所以会自残，主要是源于两种原因：

缓解内心的痛苦。大多数女孩自残，最常见的动机就是缓解痛苦。她们想要通过身体上的疼痛，来转移自己心理和精神上的痛苦。在产生抑郁、焦虑、愤怒、内疚、自卑、无助、绝望等负面情绪，心理的压力难以承受时，她们就会产生伤害自己的冲动，通过身体的疼痛将心理的痛苦释放出去。在自残之后，她们的情绪可能会平静下来，可以继续学习和生活。

获取关注和爱。女孩的内心渴望得到父母的关心和爱，可是如果感到被父母忽略或是不被理解，她们就会在走投无路之下，采取极端行为，希望以此引起父母的重视。

身体上布满伤痕，但真正的伤口其实是在内心。自残是无声的呐喊，也是她们发出的求救信号。自残的女孩离绝望只有一步之遥，此时父母千万不要再用冷漠和否定把她们推向厌世的深渊。

与男孩相比，女孩的心思本身就比较细腻敏感，她们会用自己的心去感知周遭的事物，从而产生各种各样的情绪。但是，她们并不会自我调节，不懂得如何正确释放自己的情绪。假如没有及时地进行疏导，就很容易出现严重的后果。

我经常教女儿们要学会合理地宣泄自己的情绪，可以和父母倾诉、和朋友聊天，也可以痛哭一场，或者一个人待一会儿。如果她们想要发泄，还可以撕废纸、砸枕头，或是通过做运动、写日记、画画来转移注意力，避免自己沉浸在负面情绪之中。

孩子有时候会把一切问题都归结于自身，认为是自己不够好。我会教她们，面对问题仔细分析，有些问题的起因并不在她们身上，她们并不需要为此自责，更不必否定自己。很多事情，只要努力过就好，不必太强求结果，不要给自己太多压力。

我和老公平常也挺忙，但是我们对女儿们的情况总是会多加留意，主动地和她们谈心，让她们打开心扉。当她们难过、委屈的时候，我们会肯定她们的价值，给她们自信心。我们还会鼓励她们多交朋友，和朋友在一起也能够缓解压力。

我还告诉她们，如果感觉到自己有心理上的异常情况，不要羞于告诉父母。我们也不会“讳疾忌医”，会带她们向专业的心理咨询师求助。

女儿，妈妈想对你说：

1. 自残“治标不治本”，不要陷入其中。
2. 有情绪要善于宣泄，不要独自忍耐。

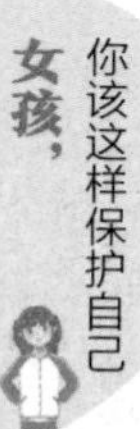

“嫉妒心”其实很正常，无须折磨自己

看到别人比自己好而心怀嫉妒，是很正常的心理状态。但是，嫉妒就像一头怪兽，既会伤害别人，也会拖累自己。了解嫉妒的情绪，并接受它的存在，才能不被它所驱使。

01

我老公姐姐家的女儿茜茜，今年 14 岁了，读初二。她学习成绩优异，聪明伶俐，很讨人喜欢。但只有一点，她妈妈很担心，就是茜茜的嫉妒心有点强。

茜茜有个女同桌，长相、成绩、人缘都不如她，可是两个人的关系还不错。有一次，这个女同学的画受到了美术老师的好评。茜茜为此情绪低落，好几天都没和她说过话。

前几天，妈妈无意间在茜茜的书桌里发现了她同桌的那幅画，追问之下才知道是茜茜把人家的画偷偷藏了起来。妈妈意识到问题的严重性，批评她不该偷人家的画。茜茜哭着说，自己知道这样不对，可就是忍不住这样做。她听到老师夸奖同桌就不舒服，就想把她的画撕掉。

茜茜的表现，就是女孩身上常见的嫉妒心理。外貌、身高、成绩、家庭条件、穿着打扮、人缘好坏等，这些都可以成为嫉妒的理由。假如嫉妒心理严重，女孩可能会用极端的手段去伤害别人。

02

嫉妒在不同年龄的女孩身上有着不同的表现形式。小女孩的嫉妒可能会表现为直接的行为，比如表现得很生气，向父母耍赖，抢夺或破坏别人的东西，等等。长大后，特别是进入青春期以后，她们的嫉妒可能会更多地藏在心里。

不过，嫉妒往往会伴随着愤怒、焦虑、恐惧、怨恨等负面情绪，女孩长久处在这种状态下，容易导致自身内分泌紊乱，出现失眠、神经衰弱等躯体症状，性格也容易变得暴躁、敏感多疑。

女孩在青春期对外界会更加敏感，又因为情绪的不稳定，极容易受到刺激和打击。她们特别渴望能够得到别人的关注和喜爱，渴望自己能够在方方面面都超过别人，永远是人群中的焦点。面对比自己优秀的同龄人时，她们的心理会变得不平衡。一旦有人比自己出色，她们的嫉妒之心就会油然而生，并不自觉地排斥对方。

青春期的女孩在调节情绪方面的能力相对比较差，极容易在比较中失去自我，不但自己痛苦，还可能引起严重的后果。有些女孩为了报复，会出现攻击和侮辱别人的行为。有些女孩在重重的压力和刺激之下，心理不堪重负，最终做出犯罪行为。

03

我的女儿们也会时常流露出嫉妒的情绪。我会告诉她们，人的潜意识本就会不自觉地与他人进行比较，嫉妒是人的正常心理，关键在于如何把握尺度。轻微的嫉妒能促使人进步，严重的嫉妒却会导致人心理扭曲。我们可以羡慕别人，但不要去攻击别人，更不能给别人带来伤害。

就算真的喜欢嫉妒别人，也不必讨厌自己。我们要允许自己有嫉妒心理，才能去分析自己为什么嫉妒别人：是因为自卑，还是不愿意别人比自己好？找到原因，才能对症下药。

与人比较，是痛苦的开始。尽量不去对比，就不会产生嫉妒心理。与其总是关注别人，我们不如把目光收回自己身上，多关注自己。

很多时候，嫉妒是因为我们对自己感到失望，所以我们才会排斥和攻击对方。我们既然对现在的自己感到不满意，羡慕那些比自己优秀的人，不如把对方当作追赶的目标，把嫉妒转化为动力，学习他们的优点和长处，然后不断提升自己，让自己更加优秀。

女儿，妈妈想对你说：

1. 没有人是完美的，但每个人都有自己的价值，只是体现的方式不同而已。

2. 当你学会用欣赏的眼光看待别人，你就会变得越来越优秀，并且越来越开心。

任何时候都不要拿生命赌气

青春期是女孩生理和心理剧烈变化的时期，她们的情感和思想本就极度不稳定，在极端情绪的影响之下很可能做出轻生的举动。让女孩学会珍惜生命，才能避免出现难以挽回的后果。

01

同事张姐的侄女前天下午离家出走了。起因是她这段时间的学习成绩不太好。张姐的嫂子批评了她几句，还没收了她的手机。她一气之下就离开了家。

最后，民警在一处池塘边找到了女孩。可是无论父母和民警怎么劝说，女孩的情绪反倒越来越激动，最后纵身跳进了池塘。

好在几位民警一直在旁边，及时把女孩救上岸。女孩被救上来后号啕大哭。民警又对女孩进行了耐心地劝解，这才让女孩打开了心结，表示不再做

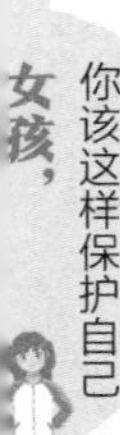

傻事了。

张姐说完后，不停地咋舌，说："现在的孩子简直太脆弱了，说不得更碰不得，不然动不动就自杀，太吓人了。哪像咱们当年，皮糙肉厚的，打一顿都无所谓。"

我点头称是。张姐的侄女还算幸运，轻生的时候还能被及时救回来。但是，有些女孩就没有那么幸运了。

有一个 16 岁的女孩跟父母在外面逛街。女孩想要玩手机，却遭到了妈妈的训斥，说女孩现在应该以学业为重，不要总想着玩手机。妈妈的话激起了女孩的逆反心理，母女两个人爆发了激烈的争吵。妈妈拒绝了女孩玩手机的要求，女孩居然直接从大桥上面跳了下去。

看到孩子跳桥的妈妈，想都没想也跟着跳了下去，想要把女儿救回来，可是非但没有成功，还都溺水了。救援队将两个人打捞上岸后进行抢救，随后宣布两人抢救无效死亡。

这些女孩子，曾经也是一条条鲜活的生命，现在却离开了人世，怎么能不让人痛惜呢？

我们总觉得孩子在未成年时的生活，永远都是无忧无虑，没有压力的。唯一的烦恼，可能就是学习了。所以当她们轻生的时候，父母都想不明白孩子为什么这么傻。为了这么一点事情就去死，是多么的不值得。

其实，也许这恰恰就是孩子想要的。死亡只是她们报复的工具。很多父母总觉得孩子根本就是“身在福中不知福”。还有的父母觉得自己为孩子付出了很多，打骂她是为了她好，孩子没有理由恨自己。这些其实都是因为父母没有走进孩子内心，没有把孩子当作独立的人来看待。

许多事情在成年人眼里，忍一忍也就过去了。可是孩子不懂，他们还处在生命最初的状态，情绪一触即发，死亡不过是她们一时快意的选择。没有人知道她们会不会后悔，可最遗憾、最难过的却是父母。

女孩之所以产生轻生念头，大多是因为学习、考试等挫折事件让女孩无法承受，或是女孩感觉父母不理解、不支持她。不过根源在于，孩子的心理承受能力低下。很多父母在养育孩子的时候，过于精心地呵护，导致孩子面对压力的时候，不能正确地面对，只想要逃避，再加上容易冲动，就想要通过死亡寻求解脱。

父母重视对女孩的照顾，关注女孩的教育，可却往往忽略了对她们的“生命教育”。想要避免更多悲剧的发生，父母就要教孩子珍爱生命。

传统教育总是会避免和孩子谈论有关死亡的话题。其实，很多时候，直面问题才能解决问题。和孩子们讨论死亡，才能对她们进行“生命教育”。

当影视剧或电视节目中出现有关死亡的镜头时，我不但不会急着切换，还会和女儿们就此进行讨论。我会问她们所认为的死亡是什么样子的，我还会和她们一起讨论新闻报道中的自杀和死亡事件，借机观察她们的反应，听听她们的想法，从而了解她们内心对死亡的真实看法。

孩子对于死亡可能会有些误解，认为死亡就像有些艺术作品中虚构的那样。我会让她们通过这些新闻报道和影视剧的内容，明白生命有限，而且不可逆转。

除此之外，我还会带着孩子参加葬礼。通过这个仪式可以让孩子认识到，死亡宣告着生命的结束。有时，孩子轻生只是想通过模仿成年人的行为来缓解痛苦。她们并不知道死亡的真正含义，以及人的死亡会给亲人带来多大的痛苦。而葬礼恰恰可以让她们亲身体会到这一点。

我还告诉女儿们，“冲动是魔鬼”，遇到问题时采取极端的方式无益于问题的解决，冷静地想一想，也许反倒能想出更好的方法。

女儿，妈妈想对你说：

1. 你的生命来之不易，理应珍惜，不应当随便放弃。

2. 你的死亡只能惩罚爱你的那些人，别让爱你的人伤心。

第四章

脆弱的心理，要建立坚实的心理防线

你有容貌焦虑吗

当女孩开始过度关注容貌，每天奇装异服，甚至热衷于化妆，恭喜您，这是孩子长大了的标志，父母应该感到高兴。但是，如果她们对于脸上的痘痘、腰上的赘肉、不够完美的五官等缺点感到不自信，想要追求完美，这种对外貌的执着往往会让她们逐渐陷入焦虑。

01

一天，大女儿跟我说，等她考上大学以后，第一件事情就是要去整容。我很惊讶她竟然知道“整容”这个词，问她从哪儿听到的。她说，班上好几个女同学都这么说，有人甚至去医院整形科咨询过，但是医生以年龄太小拒绝了。不过，这并没有阻挡这些女孩变美的决心，大家都决定等 18 岁以后去整容。她们现在就计划好要做哪些项目了，有人想瘦脸，有人想做微笑唇，有人想抽脂，更多的人是想做双眼皮和隆鼻，比如我女儿。

我正在想怎么教育她，小女儿也跑过来凑热闹，说她长大以后也要去整容，要变得更漂亮。我问她，难道你们小学生都已经开始在意颜值了吗？小女儿说，那当然了，班上的女同学凑到一起，不是讨论化妆和衣服，就是讨论哪个女生漂亮。那些长得好看的女生，每天身后都会有些男生或是送水，或是带零食、带早饭，献殷勤，让她们这些长相平平的女生特别羡慕。小女儿唉声叹气地说，都是因为自己长得不好看，要不然自己也能有这种公主般的待遇。

两个女儿都恨不得立刻能从丑小鸭变成白天鹅，我看着她们，除了哭笑不得，还有震惊和无奈。孩子们还那么小，正是无忧无虑的年纪，却已经沉浸在“容貌焦虑”的情绪中无法自拔了。

2020 年，一个“00 后”女孩曾经在一档演讲节目上，公开了自己前后上百次的整容经历。她从小就为自己皮肤黝黑、鼻子塌、眼睛小而感到自卑，在 13 岁时就开始整容。一开始她只是做双眼皮，手术成功后得到了众人的夸奖。尝到甜头后，她开始疯狂整容，不仅脸部“面目全非”，还做了抽脂、隆胸等全身整容。

为了整容，她前后花了 400 多万元。可是整容却给她带来了很严重的伤害，让她不仅看起来面容诡异，身材也不协调。整容还给她造成很多后遗症，比如皮肤松弛，脸部变形，无法做出大幅度的哭、笑等表情。更严重的是，她的眼睛因为多次开眼角和双眼皮手术，已经无法完全闭合，长期大量的麻醉药刺激导致她的记忆力慢慢下降。

当她意识到情况的严重性时，早已经无法回头。她开始反思，后悔盲目地去整容。她用自己的亲身经历告诫年轻人，对待整容一定要慎重。

02

容貌焦虑，是一个网络流行词。它指的是，一旦在环境中颜值的作用被放大，人们就会对自己的外貌不够自信。通过网络的传播，容貌焦虑已经出现在未成年人之中。特别是很多未成年女孩，她们已经开始关注自己的外貌、身材和穿着打扮。女孩们常见的容貌焦虑有以下几种。

长相和面容：女孩对自己的五官、面部比例、皮肤状况等感到不满意，总是希望自己的脸能够更好看，或是更符合主流的审美标准。

身体形态：女孩对自己的身高、体重、体形等感到不满意，可能会和同龄人比较，或是想更符合大众对于理想身材的期望。

头发和发型：女孩可能担心自己的头发有问题，对于发型，则希望能够和明星一样，或是追逐潮流趋势。

穿着打扮：女孩对自己的穿着打扮感到焦虑，希望能够符合时尚潮流，或是与同龄人保持一致。

之所以会产生容貌焦虑，是因为女孩对自身的认知产生了偏差。在这种认知偏差的影响下，她们对于自身的容貌有着极苛刻的要求，将自身容貌的特点当作是缺点，或是过度放大了自身容貌的缺点。

女孩对负面评价的担忧和恐惧，也会导致她们产生容貌焦虑。青春期的女孩正处在建立自我概念的阶段中，她们在意别人的评价，也担心别人的评价，急需以良好的形象来建立自信，因此过度地夸大了容貌的作用。

影视剧和网络对于容貌的宣传，明星偶像对于颜值的导向作用，对于未成年女孩容貌焦虑的形成也起到了推波助澜的作用，导致她们对自身外貌产生怀疑和否定，容易盲目跟风。

容貌焦虑对女孩的学习、生活、人际交往和自我意识会产生诸多的影响。有些女孩会通过化妆、减肥、着装等缓解焦虑，严重时会被畸形的审美观带偏，被整容广告所误导，踏入盲目整容的陷阱。

03

女儿们爱美，我不会斥责和打压她们，这说明她们有自尊心，希望自己变得更好。但是，我会提醒她们，注重外貌需要适度，过于看重外表是肤浅的表现。为了缓解她们的焦虑，我会用一些问题去引导她们思考：你的朋友并不是最漂亮的，那你为什么还愿意和对方做朋友呢？是不是只有那些长相漂亮的同学才会受到表扬？班上那些名列前茅、有一技之长的同学，尽管不是太漂亮，是不是也会被人称赞呢？

美是客观的，但也是主观的，世间的美千差万别。要教女孩正确认识自己，而不是用别人的眼光来评判自己的外貌。

女儿，妈妈想对你说：

1. “腹有诗书气自华”，内在比外表更重要。

2. 人的魅力不只来自美貌，也来自性格、品德和谈吐。

收到同学“差评”，教你高情商回复

“差评”本是网购平台的一个专有名词，不过如今已经成为一个评价别人很差的词。女孩往往会因为收到同学的“差评”而感到难过，那么，要如何应对才能不让自己陷入焦虑和抑郁中呢？

01

小女儿班上刚转来一个叫嘉茵的女孩。听女儿说，嘉茵这孩子长相漂亮，不过就是性格内向了一些，学习成绩也处于中下游。女儿坐在她的前面，两个人的关系还不错。前些天的随堂小测验，嘉茵居然才得了 60 多分。同学们都讥笑她，说她刚学过的知识都不会，简直是太笨了。嘉茵的同桌还说她以后肯定考不上好的中学，将来肯定没前途。

嘉茵听到了他们的嘲讽，一下课就趴在课桌上面呜呜大哭。女儿回过头去安慰她，好不容易才把她劝好。此后几天里，她总是自己一个人待着，不想和任何人交流，对于学习也越来越没有信心。女儿和她聊天的时候，她说自己每天特别讨厌上学，恨不得现在就回家。

我听了这件事情，觉得特别可惜。嘉茵其实是个很好的孩子，只是因为过度在意别人的评价，在收到同学的“差评”以后，内心就无法承受，自信也消失殆尽了。

其实，小女儿刚上小学的时候，也和嘉茵一样，很在意同学的看法。那时候，她经常因为同学说她的衣服不好看，而不肯穿那些她本来很喜欢的衣服。我告诉她，穿衣服和吃饭一样，只要自己喜欢就可以。如果再有同学这样说，她可以告诉对方：“你不喜欢这件衣服，可是我很喜欢，我穿上以后特别开心。”

02

哲学家威廉·詹姆斯说过：“人类本质中最殷切的需求，是渴望被肯定。”成年人如此，孩子更如此。都说自信的孩子是夸出来的，但他们听到的不可能都是夸奖，也会有“差评”。如果女孩的内心脆弱，这些嘲笑和讽刺，就会让她们失去前进的动力。

未成年女孩还处在心理发展的早期阶段，此时的她们对于自我还没有形成正确、清晰的认知，无法做出客观的自我评价。她们获取评价的方式，就来自别人对她们的评价。别人的反馈对她们来说，就像是一面镜子，可以让她们了解到自己的行为、能力和价值。别人的评价和认可，可以让她们判断自己是否符合社会期望和规范。

当女孩进入学校后，同龄人的评价对她们来说就变得越来越重要。不过，孩子往往比成年人更敏感，消极负面的评价相当于一种心理暗示，会让她们怀疑自己很差劲，什么都做不好。如果经常听到同学的批评和否定，孩子的心里就会充满挫败感，变得极度不自信，做事情容易退缩，不敢和人交流，不敢做出选择，不敢展示自己。

03

人在遭受负面评价的时候，本能地会产生负面情绪。这些负面评价就像是对我们的攻击和侵犯，我们需要先调整自己的心态，让自己先冷静一下。

冷静下来以后，可以对别人的评价做一个评估。如果对方的评价是事实，应该试着接受这一点。

如果是人身攻击或对方在发泄情绪，可以教孩子回击。比如，被对方讽刺长相，可以说："谢谢你发现这个优点，不过，相比起来还是你长得更'安全'一点。"如果不回击，也可以远离对方，不要为此而生气。

女儿，妈妈想对你说：

1. "差评"之所以会引起负面情绪，不是因为对方的语言伤害了我们，而是因为大脑对于"差评"的解读让我们产生了自我伤害。

2. 建立清晰而稳定的自我认知，才能理性地看待负面评价。

3. 别人的评价不是标准，你的价值不会因此而降低。

4. 收到"差评"后，避免对此产生认同感，能够减少负面情绪的产生。

克服对批评的恐惧，才能进步

害怕批评，被批评以后动辄掉眼泪，情绪低落、焦虑，甚至产生极端的想法。“忠言逆耳利于行”，如果女孩总是抵触批评，又怎么能够更好地成长，面对未来漫长的道路呢？

01

我家楼上有户邻居，家里有个叫晶晶的小女孩。晶晶妈妈一心想培养女儿的艺术气质，再加上晶晶也喜欢，就花了上万元钱给她报了一门芭蕾课程。一开始，孩子的积极性还挺高的，可是没过多久，老师就跟晶晶妈妈反映，说晶晶最近的状态不太好，训练时也不太积极。

妈妈问晶晶，到底是怎么回事？晶晶说，有一次训练，老师批评她动作不标准，她特别委屈，当场就哭了起来，弄得老师特别尴尬，只好赶紧安慰了她两句。可是，晶晶从此对芭蕾就再也提不起兴趣了。任凭妈妈怎么劝，晶晶都不愿意再跳了，还让妈妈把课退掉。

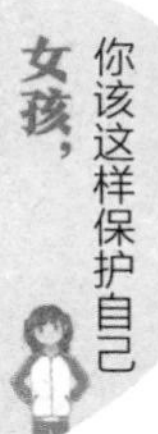

晶晶妈妈跟我抱怨，怎么现在的孩子这么脆弱？说不得，骂不得，多说一点就“玻璃心”，以后可怎么办呢？

我安慰她，孩子只是心理还不够强大，所以抵抗不了挫折。父母要帮助她们提高心理承受能力，这样她们就不会像蛋壳一样，一碰就破了。

02

我们总说现在的孩子听不得批评，其实这既和孩子的性格有关，也和孩子后天受到的教育有关。

有些孩子天生比较谨慎、敏感，做事小心翼翼，追求完美，害怕失误，很在意他人的评价。这样的孩子大多比较内向，和外向的孩子比起来，可能不够自信和洒脱，害怕被批评。

如果父母经常批评孩子，或是对孩子进行打击式教育，会让孩子缺乏自信，不断地质疑自己，从而变得敏感、多疑和焦虑。这样的孩子一旦遇到挫折和失败就很难承受，面对批评也显得很脆弱。

有的孩子在家里总是受到夸奖，这会让她们无法正确认识自己的能力。一旦走出家庭，遭受挫折和批评，发现自己能力有限，她们就会备受打击，甚至心理崩溃。

03

我和老公平时会让女儿们自己去试着解决一些问题，提高她们抵抗挫折、接受批评的能力。她们自己试着去解决问题时，就能收获成就感，进一步增强自信心。

我告诉她们，在犯错误以后，可以给自己一些积极的暗示，比如“这次考得还不错，只是不太仔细，下次再仔细一点就能考好了”“其实我做得还不错，只是缺乏点经验而已”，这样能够让自己的心态更加平和。

我还会教育她们学会用积极的眼光去看待批评：犯错被批评并不一定是坏事，她们可以借这个机会想一想为什么犯错，吸取了教训，下次就不会再错了。

我还会引导孩子们去换位思考，想想别人为什么会批评她们。比如老师批评学生，其实这种批评是善意的，是为了帮助学生进步，并不是故意让学生丢脸。

女儿，妈妈想对你说：

1. 生活中不可能都是赞美，也会有批评，这是生活的常态。
2. 批评是帮助我们取得进步的捷径。
3. 顺境时不要得意，逆境时不要失意，保持良好的心态，才能坦然处之。

你可以有坏情绪，但一定不要内耗

所谓的精神内耗，就像是女孩的身体里住着两个不同的小人儿。每当遇到某些事，或是需要做出某些决定时，两个小人儿就开始内讧，一个对事物充满了美好的期待和愿望，另一个却自卑、怯懦、纠结，总是胡思乱想。处在内耗状态下的孩子，会特别焦躁。

01

大女儿刚上初中的时候，因为不太适应，成绩有些滑坡，从小学时的班级前几名直接下降到了十几名。她那时的情绪起伏很大，脾气也很暴躁，不是把课本扔到一边，干坐着生闷气，就是看电视、玩游戏，反正就是不学习。

有一次，我加班到很晚，回到家时发现女儿在卧室里号啕大哭，嚷嚷着“讨厌学习，不想上学”，我老公站在门外既生气又无奈。我问了我老公才知道，女儿放学回到家就玩手机，作业一点都没写。我老公看到后就教训了她几句，没想到她一下子就奓毛了。

等女儿情绪稳定点以后，通过交流，我才发觉，突然加重的学习负担和下滑的考试成绩，让女儿特别焦虑和恐慌，再加上班上其他同学的成绩不断提高，又让她开始怀疑自己。这种种的情绪几乎要把她压垮。女儿的厌学和摆烂，不是不想努力，而是陷入了内耗。

02

内耗指的是内部消耗，即人的内心会反复地自我拉扯，从而陷入一种慢性精神痛苦的状态。内耗的人会把目光聚焦在消极的一面上，总是想着最坏的结果，内心开始无休止地自我怀疑，从而导致自信心不足。

内耗的人还容易焦虑，因为他们明明很努力，却仍然达不到目标。每当这时，他们就会条件反射般地责怪自己，并为此而痛苦，却又无法停止自责。他们还总是为改变不了的事情而烦恼。

长期的内耗会让人习惯性地自责、懊悔、思虑过度，导致身心疲惫不堪，热情和精力被消耗殆尽，做事时犹豫不决，行动力很差，效率很低，难以克服困难和迎接挑战，整个人陷入焦虑、烦躁、懒惰、疲惫、忧虑、麻痹、崩溃的状态，严重时会出现失眠、抑郁等症状。

未成年人也会内耗，特别是青春期的女孩。她们的内耗与自我意识的发展有关。进入青春期后，女孩的自我意识觉醒并快速发展，性格变得敏感，经过与现实的碰撞及不断的失败后，她们开始自我怀疑。她们很在乎别人对自己的评价，会因为同伴的误解而闷闷不乐，也会为了友情而迎合对方，让自己不开心。她们心思细腻，情感丰富，经常因为一点小事、别人有意无意的举动而胡思乱想，搞得自己的学习和生活一团糟。此外，与异性的情感也会让她们心神不宁、患得患失。一旦受伤，她们很容易自暴自弃。

03

内耗的人脑子里总会有很多想法。我便经常提醒女儿们不要想太多，专注当下的生活，接受现实，不要把精力耗费在过去和未来上。

想要消除负面情绪，首先要直面这些情绪，并找到合理的方式去释放情绪，而不是去压抑它们。可以和父母、亲近的朋友倾诉自己的情绪和感受。

如果长时间焦虑、抑郁，可以向医疗机构或心理咨询机构寻求专业的建议和指导。

女儿，妈妈想对你说：

1. 很多时候，拖垮一个人的往往不是现实中的困难，而是心理上的内耗。

2. 假如你陷入内耗之中，希望你能尽快摆脱，重新获得能量。

3. 家庭是你的避风港，父母愿意倾听你的心事和苦闷，给你安慰、理解和建议。

4. 调整情绪，重建自信，解开心结，才能迎接更美好的生活。

第

章

网上的风险，要避开虚拟世界里的陷阱

小心“甜蜜网恋”背后的“温柔陷阱”

网恋已经成为很多女孩都会尝试的交友方式。只是，在网络的那一端，在手机、电脑屏幕的背后究竟是什么人，女孩也许一无所知，所以，网恋背后的“陷阱”也不得不防。

01

大女儿上了初中后，我就把自己不用的旧手机给了她，为的是方便她学习和联络。一天，小女儿跟我说，她姐姐最近经常在网上和人聊天，她总看见姐姐抱着手机打字，还对着屏幕傻笑。

一次，小女儿好奇地走过去，想看看姐姐在看什么。结果，她姐姐急忙用手挡住了屏幕。小女儿问她在干什么，姐姐神秘兮兮地说自己在和网友聊天，还让她保密，千万别告诉爸爸妈妈。

我怕大女儿在搞什么“网恋”，就决定提醒她一下。趁着和女儿们聊天的机会，我指着网上的一则新闻说，有一个女生，大学毕业后在家待业，经常上网聊天。她在网上认识了一个男生，两人聊得火热，开始了网恋。

初期一切都很好，后来男生就以家人生病、经济困难、想要创业为由向女生借钱。尽管女生刚毕业，身无分文，但架不住男生的苦苦哀求和甜言蜜语。最后，女生就通过借贷平台借钱，又从家里拿了一部分钱，转给了男生，总共有 12 万元。

之后，两人因为还钱发生矛盾而分手。男生欠钱不还，还想让女生继续借钱给他。女生清醒过来后，发现自己受骗了，把男生告上法庭。万幸经过法庭的调解，男生承诺还款，还签订了协议书。女孩总算看到了还款的希望。

借着这则新闻，我跟女儿们说起网恋的危险性。大女儿主动说，她最近是在和网友聊天，不过那人是她的小学同学。她说自己不会网恋，更不会随便借钱给别人。听她这么说，我才放下心来。

02

现在网恋已经是屡见不鲜的事情了，与此同时也出现了越来越多的网恋陷阱，让很多女孩都掉进了圈套之中。

女孩之所以热衷于网恋，一方面是因为进入青春期后，对轰轰烈烈的爱情充满了期待。她们无法抵挡网恋对象的甜言蜜语，即使不知道对方是怎样的人，也会陷入其中。

另一方面是因为网恋隐蔽又安全的特点，能够让她们摆脱在现实生活中与人交往时的种种顾虑。特别是一些内心自卑的女孩，能够在网恋中提升自信。

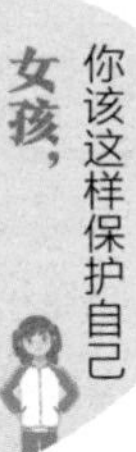

网恋虽然甜蜜又美好，但是总有些不法分子摸准了年轻女孩涉世未深，又期待真爱的心理，以此设置陷阱进行诈骗。

最常见的网恋诈骗就是骗钱。骗子会虚构自己的职业和背景，使用虚假的照片，在社交平台上和女孩进行联络。女孩往往会被骗子光鲜亮丽的形象和身份所吸引。

在交流中，骗子会用甜言蜜语和无微不至的关心来打动和迷惑女孩，让女孩对他们产生情感依赖，建立恋爱关系，甚至在不熟悉的情况下，就对女孩做出各种承诺，让女孩难以自拔。

获取女孩的信任后，骗子就会开始有意无意地“哭穷”，向女孩暗示自己目前比较困难，或是巧立名目地以各种理由向女孩借款，比如家庭困境、生病等。也有些骗子会引诱女孩进行网贷，然后将所得的钱款转给自己。一旦女孩完成转账，骗子有可能彻底消失。有些女孩在多次借款后才发觉受骗，想要讨回欠款已变得十分困难。

另一种网恋陷阱就是敲诈勒索。有些女孩在网恋期间，禁不住对方的哄骗，拍下一些私密照片发送给对方。这些不法分子会趁机向女孩勒索钱财，否则就公开照片。女孩通常因为恐惧而不得不就范。

各类网恋骗局会给女孩带来心理上的创伤和经济损失。所以，主动提高识别网恋欺诈行为和自我保护的能力，是所有女孩都要做的事情。

03

像我女儿们这般年纪的女孩，对于爱情总是充满不切实际的幻想。网络恋爱虽然既浪漫又刺激，可是其中也蕴含着很多风险。为了不让女儿们落入这些陷阱中，我告诫她们，在网络交友的过程中，一定要保持警惕。

在没有见面、不深入了解对方的时候，不要轻易相信陌生人的话。特别是那些刚认识就表现得非常热情的人，还有那些看似完美的人，要更加警惕。

和网友交往的过程中，尽量避免金钱往来。如果对方提出借款、转账等要求，无论是哪种理由，都不要轻易相信对方，也不要轻易答应，最好予以拒绝。

在和网友交流时，注意不要泄露个人信息，包括真实姓名、电话号码、家庭住址、家庭经济情况等，回避对方有关个人和家庭隐私的提问。

和网友进行深入交流前，尽量核实对方的身份信息。可以通过搜索引擎、社交媒体等方式，获取对方更多的信息，还可以通过提问的方式验证对方的个人资料是否属实。

女儿，妈妈想对你说：

1. 网恋虽然美好，但是女孩在社会经验较少时极容易上当受骗，所以务必保持警觉。

2. 发现自己受骗时，保持冷静，及时报警求助。

网恋“奔现”，请坚决拒绝

素未谋面的网友在线下见面，这种行为被称作“奔现”。女孩们觉得这样做特别刺激，可是却忘记了这样做的危险性也很大。很多不法分子就是利用这种方式来诱骗和谋害女孩的。

01

大女儿跟我说，她的朋友晓璇在网上谈了一个男朋友。晓璇偷偷告诉她，她打算独自去外地和男朋友见面。

事情是这样的：晓璇在玩游戏的过程中认识了一个男生。她说，这个男生长得特别帅，身材也很好，而且说话特别幽默。不管晓璇多不高兴，他都能把她逗得捧腹大笑。虽然没见过面，但是晓璇对他渐渐产生了好感，两个人开始谈起恋爱。男生提出想要见面，还鼓动晓璇去外地见他。

大女儿说自己提醒过她，最好不要去，这人可能是个骗子，可是晓璇根本不听。我正想着要不要把事情告诉晓璇的父母，电话就响了。正是晓璇妈妈来的电话，想询问晓璇的下落。我让大女儿把事情告诉了晓璇妈妈，建议他们尽快报警。

后来，听说警察找到晓璇时，她已经在外地了。晓璇差点被那个男生带走，还好警察和晓璇的父母及时赶到，这才把晓璇带回了家。

晓璇的事情让我不禁捏了把冷汗。我不敢想象，要是她被不法分子带走，会遭遇什么样的危险。

02

没有面对面的沟通和交流，女孩很难了解网恋对象究竟是怎样的一个人。这也给网恋蒙上了一层神秘的面纱。女孩线下约见网恋对象，大多都会怀着忐忑不安的心情。但是尽管如此，她们仍然跃跃欲试。这大多是因为女孩对屏幕后的网恋对象怀抱着一种强烈的好奇心。

虽然可能在网络上互相交换了资料和照片，但这些都不如亲眼所见来得真实。她们总想知道每天和自己聊天的人究竟是什么样的。只有见过面，网恋对象才不会只是一个虚拟形象。

还有，青春期的女孩想要寻求刺激的心理，让她们感觉和网友见面很新奇、很有趣，能够满足她们探究新鲜事物的欲望。

有些女孩因为在现实生活中觉得不被理解，缺少陪伴和关爱，为了摆脱内心的孤独感，她们就喜欢在网络上寻找精神和情感的寄托，觉得网络上的人比父母更理解她们，愿意花时间倾听她们的心声。只不过，她们没想到的是，网络上的人形形色色。她们的这种心理，给了坏人可乘之机。

03

对于和网友线下见面的事情，我告诫女儿，不要因一时冲动答应见面的要求。她们还没到能够自主做决定的年龄，而且又不会识人、辨人，独自去见陌生人很容易遇到危险。

尤其不能独自前往外地见网友。她们在外地人生地不熟，容易迷路不说，一旦落入坏人手中，恐怕很难得到帮助。父母和警察想要寻找和援助她们，也会延误时机。如果网友真为她们着想，也不会提出这种要求。

女儿们通过网络交友，我和老公不会阻拦，但也不会放任不管。我们认为，比起网络交友，在现实生活中的友情更加真实。我鼓励女儿们主动和身边的同学及同龄人交流。经常和这些人交往，她们就会发现自己想要寻求的安慰和理解，在现实生活中同样可以实现，而且更加触手可及，完全没有必要沉溺于网络交友。

女儿，妈妈想对你说：

1. 网恋“奔现”很刺激，但你还小，最好不要尝试。

2. 千万不要觉得危险不会发生在自己身上。

网贷套路深，千万别碰

有些网贷平台虽然借钱十分方便，但却存在着利息高、利滚利的情况，甚至还会采用极端方式催收。女孩如果轻信这些平台，不但会背负大额欠款，还有可能面临人身危险。

01

一天，我刚下班回到家，女儿们就指着手机上的一则新闻给我看。新闻里说，云南省的一个女大学生，在三年中前后从 60 多个网贷平台上借款 8 万元，没想到她在拼命连本带息偿还了 14 万元后，仍然欠下了近 100 万元的债务。

女孩无力偿还这笔巨债，网贷平台就不断拨打她通讯录里的电话。他们不仅不分昼夜地给女孩的父母打电话催款，还给女孩的亲朋好友打电话进行催收。因为 24 小时不间断地受到催收电话的骚扰，女孩的亲友们全都不堪其扰，叫苦不迭。

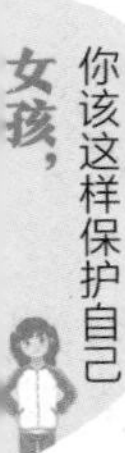

女儿们不解地问我，不是明明才借了 8 万元吗，为什么要还 14 万元？还了 14 万元还不够，居然还要再还 100 万元！我解释说，这个女孩是陷入了“校园贷”的陷阱。我打开手机，找了另一则新闻给她们看，这则新闻中的女孩因为网贷付出了生命的代价。

一个女孩从农村考入大学，在感到大学生活无比新鲜的同时，身边那些打扮得光鲜靓丽的女生也引起了她的注意。她看着身边的女同学们经常穿着名牌服饰，手拿名牌包包，还出入各种高端场所，心里不由得产生了巨大的失落感。

她开始向往这种生活，于是通过各种途径去打探，这些人为何出手如此阔绰？经过打听，她得知有些女生确实家境殷实，但有些女生却是通过向“校园贷”借款来维持优渥的生活。

女孩下载并注册了网贷 App，贷款 3000 元用于消费，可这笔钱很快挥霍一空。女孩本来认为只要自己找到工作就可以轻松还上贷款，没想到需要还款的金额已经累积到 25 万元。

女孩发现这是高利贷时，为时已晚。她只能通过一天打三份工来偿还欠款，可是欠款数额仍然在不断增加。催债人员不但电话催收，还上门威胁她出卖身体还债，还要通知她的家人。女孩在走投无路之下选择跳楼，这时她的银行卡余额仅剩 1 元。

这个女孩的人生才刚刚开始，就因为身陷网贷的套路而不堪重负，如花的生命也随之陨落。这么惨痛的教训，足够让我们引以为戒。

02

和银行、信用卡等传统贷款渠道相比，网贷平台的门槛更低、放款更快、贷款额度也更高。但是，有些网贷平台会引诱或迫使借款人签订虚高的借款合同，借此收取高额的利息和各种费用，迫使借款人背上高额债务。

这种情况就属于套路贷，是一种诈骗行为。校园贷、裸条贷等都属于套路贷，不少女生就是这类套路贷的受害者。

有些女孩或是受到网络风气的影响，或是在进入大学校园、走入社会后，对生活有了更高的要求，往往通过贷款满足自己的虚荣心。有些女孩看到别人有好的东西，自己也想要拥有，她们甚至会通过贷款去购买奢侈品，只是为了享受别人的羡慕。

网贷平台放款后，因为钱来得很容易，女孩在花钱时就无所顾忌，钱花光后便会继续从网贷平台借款，甚至会“以贷养贷”，导致贷款金额不断增加。

裸条贷指的是女孩利用手持身份证的裸照或视频进行贷款，它是利用女生更爱护名誉的特点来牟利的。无论是否按时还款，女孩的裸照、视频和个人信息都有可能被传播到网络上，导致个人隐私的泄露。

女孩通过非法的网贷平台借款，很容易遭遇利滚利而无法偿还。催收人员会利用女孩的个人信息，采用骚扰、恐吓、威胁等暴力方式来催款。不只女孩本人，女孩的家人、朋友也会深受其扰。有些女孩还会被逼迫出卖身体，受到性侵或被强迫卖淫。

03

女儿们听我讲了网贷的套路和风险后，不禁吓得咋舌。我趁机告诫她们，不要轻易相信那些网贷平台的广告，也不要相信平台工作人员的花言巧语。那些刻意夸大网贷的好处，却绝口不提或刻意弱化风险的说辞，都很可疑。

有些裸条贷承诺只要按时还款，就会删除裸照和视频。如果她们相信并照做的话，后果不堪设想。一旦对方掌握了这些照片，女孩就不得不满足对方的一切要求。所以，千万不要天真地认为这种借款方式轻松、没有风险。

我希望女儿们能够养成健康的消费习惯，不要受到网络上那些浮夸、炫富风气的影响，不要进行远超自身经济能力的消费。通过勤工俭学的方式来取得报酬，才是我们获取金钱的正确途径。如果真的急需用钱，她们可以向父母、亲朋好友求助，或者向银行等正规的金融机构借款。

我还鼓励她们去学习各种金融常识，让她们了解我国民间借贷的合法利率，希望她们能够学会识别正规贷款和“高利贷”“套路贷”的区别。

女儿，妈妈想对你说：

1. 网贷套路深，一旦深陷网贷旋涡，就难以“上岸”了。

2. 遭遇非法网贷，及时报警求助才是正途。

警惕！针对女孩的新型网络骗局

网上一直都有针对女孩的骗局，虽然现在曝光出来的行骗方式越来越多，但是骗子的行骗手段也在不断更新。女孩一定要提高警惕，谨防被骗。

01

现在的女孩们都热衷于在网上交友，用她们的话来说就是“处闺密”。她们会在网上找同龄女孩交友、聊天，还认为这是一件值得骄傲的事情，相互之间以此作为谈资。这股风气已经蔓延到了小学女生之间。

我小女儿现在也偶尔在网上聊天，不过我们只允许她在周末玩手机。我对此倒没有太在意，觉得不过就是小女孩之间的交友而已。不过，有一天，小女儿突然拿着手机跟我说，她那个网友有点不对劲。

我边问她怎么回事，边拿过手机查看。这一看，我才发现端倪。小女儿说那个网友是一周前加她好友的，对方说自己的爸爸妈妈都在外地打工，自己和爷爷奶奶生活，就想找同龄人说说心里话。

女儿可怜她，两个人就成了闺密。就在刚才，那个女孩给我女儿发了一张裸照，她让我女儿照着她的样子也拍一张照片给她发过去。因为我们平常教育女儿们不要随便暴露自己的身体，小女儿就拒绝了对方。没想到那个女孩竟然威胁她说，不同意就“不处闺密了”。小女儿舍不得，但是又很犹豫，就来问我。

我一看，这不就是想要猥亵儿童的骗子吗！我急忙问小女儿，之前两个人都聊过什么，有没有给对方发过什么照片？小女儿说只告诉过对方自己的年龄、所在城市，别的什么都没说，也从来没发过照片。

我告诉她再也不要和对方联系了，对方很可能不是什么“闺密”，而是个变态。我把事情告诉了老公，全家一起去派出所报了案。

我为什么知道这是骗局呢？因为前些天，我刚刚从网上看到一起案件。在北京，有一个男子在几年间将自己伪装成 10 岁左右的女孩，在网上和多名同龄的未成年女孩“处闺密”。

他给自己打造出各种“人设”，借机向女孩索要私密照片和视频。受害的女孩大多出于对“友情”的不舍，会配合男子的要求。有的女孩拒绝，该男子就会以之前女孩提供的个人信息或裸照等相威胁，女孩只好不断地受其摆布。

现在网络上针对女孩的骗局花样不断翻新，经过这件事，我意识到父母和女孩都要多加注意，这样才能减少伤害的发生。

02

为什么女孩更容易受骗呢？一是因为她们单纯、幼稚，缺少社会经验又疏于防范。坏人正是掌握了女孩的这些心理，采取哄骗、恐吓、威胁等手段让她们就范。

二是因为女孩大多重视感情，而且富有同情心，对同性和弱势群体的求助往往无法拒绝，容易对别人产生信任感和信赖感。不法分子正是看准她们的这个特点，更多地对女孩下手。

三是骗子利用女孩的某些欲望，比如赚钱心切、爱美、想出名等，以轻松的工作、优厚的待遇或出道、做明星等为诱饵，诱使女孩上当受骗。

目前针对女孩的新型网络骗局，主要有以下几种：

“隔空猥亵”。骗子在网络交友平台和游戏中以交友或恋爱的名义，诱骗、威胁女孩裸聊、拍摄裸照和私密视频。还有些骗子冒充星探和影视公司的招聘人员，诱导女孩裸露身体拍摄。虽然没有身体接触，但这种“隔空猥亵”也属于性侵的范畴。未成年女孩很容易成为这类不法分子的目标。

女生互助骗局。骗子借口帮女儿买卫生巾，找女生借手机，在得到女生的手机号后假冒小女孩索要女生的联系方式进行骚扰，在约女生见面时实施犯罪。还有的骗子在网上冒充女生，借请教私密问题之际不断骚扰女孩，套取女孩隐私信息。

兼职骗局。骗子在网上发布招聘“寄拍模特”的广告，利用女孩想既穿漂亮衣服又能赚钱的心理，诱骗女孩按要求拍照，将照片用于黄色广告，或贩卖至色情网站。类似的骗局还有“手模”“发模”等。

练习生招募骗局。骗子在网上主动联系女孩，或在网上发布“招募练习生”的信息，吸引女孩自荐，然后邀请女孩参加线下面试，借各种名义收取费用。

03

女儿们问我，这么多针对女孩的骗局，应该如何防范呢？我告诉她们，这些骗局的目的可以分为三类：

第一类是骗取女孩的个人隐私信息、私密照片和视频。在网上无论是交友还是找工作，一旦对方提出发照片、发视频、裸聊之类的要求，都不要同意，更不要把个人信息告诉对方。如果对方一直询问私密问题，要提高警惕，感觉不对劲就火速拉黑对方。

第二类是约女孩线下见面。不要答应对方，也不要赴约。如果对方以个人信息或私密照片要挟见面，应该及时报警求助。

第三类是骗取女孩的钱财。面对经纪人、星探等，要查验对方的真实身份和公司的资质。正规的娱乐公司只会通过官方平台发布信息，而且在招募和选拔时不会收取任何费用。

女儿，妈妈想对你说：

1. 希望你多学习如何防范坏人、保护自己的知识。

2. 对网上的人心存戒备，才能不掉入陷阱中。

第

章

交友的原则，一定要远离『毒友谊』

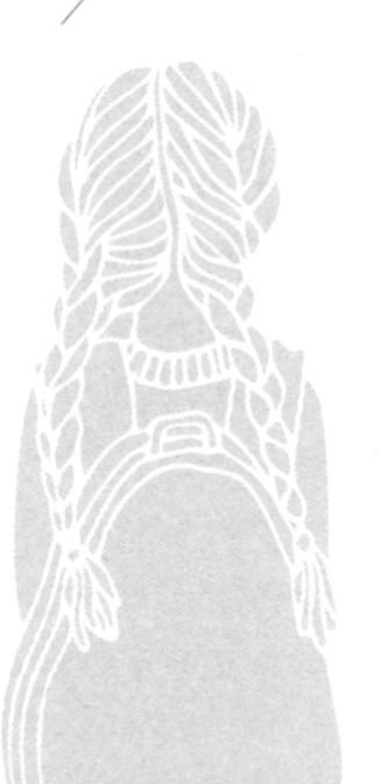

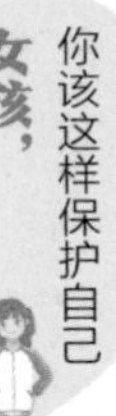

为什么很多女孩都是在初中被带坏

初中可以说是女孩前半生中最危险的三年，因为很多女孩都是在初中学坏的。这其中就有朋友的影响。所以，女孩在初中阶段千万不能和坏朋友为伍，以免受到负面影响。

01

前几天，跟我不错的一个同事在聊天时，和我说起她的女儿潇潇。潇潇今年升入初三。不久之前，她的班主任单独和我同事谈话，说潇潇从初二到现在的成绩一直都是倒数，恐怕考不上高中了，希望我同事做好心理准备。

我记得潇潇初一时的成绩还不错，怎么会突然滑落到这种程度呢？我同事唉声叹气地说，潇潇从小就是个文静内敛的孩子，非常乖，从不惹是生非，家人对她很放心。初二时，潇潇和班上的一个女同学交起了朋友。

在潇潇眼里，这个女同学活泼开朗，十分幽默，脑子里总是有很多稀奇古怪的想法。这些对潇潇的吸引力很大。但其实，这个女同学并不只是她所看到的那个样子，她抽烟、喝酒、泡吧，还喜欢和校外的人鬼混，学习成绩也不好，是班里的“小太妹”。据说这个女同学的父母都不怎么管她，老师和学校对此也很头疼。

同事那时很忙，最初没有重视这件事，等到发现不对劲时，潇潇已经和这个女同学形影不离了。更关键的是，潇潇原本成绩还处在中上等，结果在这个女同学的“带领”下，她作业也不写了，上课也不认真听讲，不是看课外书就是睡觉，成绩下滑得很厉害。

无论同事怎么警告、劝导、讲道理，潇潇就是不听。只要同事说不让她和这个女同学一起玩，她就振振有词地说：“你可以说我，但是不可以说我朋友。我就要跟她一起玩，你管不着！”同事每次都被气得哑口无言。

如今，看着潇潇的成绩一落千丈，同事特别后悔。要是当初能早一点引起注意，尽早地让孩子远离这种坏朋友，现在也就不会是这种情况了。

02

为什么说初中这个阶段最危险呢？因为小学阶段的孩子年龄还小，最多只是和父母顶嘴或者试探性地做坏事。进入高中以后，孩子要面对学习压力，而且经过选拔，上高中的孩子大多都是爱学习的。缺少了氛围，孩子自然也没有机会学坏。

而初中，一个班的学生可能鱼龙混杂，什么样的都有，有的学生很爱学习，有的学生一点也不学习。关键是这些不爱学习的孩子有可能会拉着别的孩子一起不学习，甚至还会反过来排挤那些想努力学习的孩子。

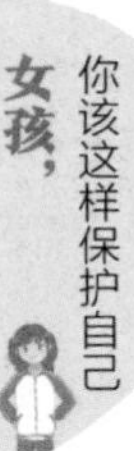

女孩处在初中阶段，往往会比较叛逆，原先乖巧的孩子，进入初中后很可能会大变样。而她们又很容易受到同龄人的影响，如果认识了不好的朋友，染上了不好的习气，自然容易被“带坏”。但是，她们往往可能还没有意识到后果的严重性，就已经稀里糊涂地跟着别人学坏了。

想要顺利度过初中阶段，女孩就需要远离三种坏朋友：

教你做坏事的朋友。有些学生自己染上了吸烟、喝酒等坏习惯，甚至专门做一些违反校规的事情，还喜欢鼓动别人也跟着他们这样做，一定要远离这种人。

拉帮结派的朋友。有些学生喜欢拉帮结派，搞小团体，排挤、欺负别人。女孩如果参与进去，就不得不像他们一样，说不定将来还会受到小团体的排挤和欺负。这样的朋友也要趁早远离。

不努力学习的朋友。有些学生不认真学习，不求上进，他们不但不追求好成绩，还在学习上“摆烂”。关键是他们自己不学习，还要带着朋友一起不学习。经常和他们在一起，好好学习的孩子也会被带坏。

女孩会和坏朋友交往，大多是因为孤单、无聊。为了避免这种情况，我和老公会花更多的时间陪伴女儿们，多和她们交流、谈心，陪她们做有意义的事情，防止她们因为寂寞而“饥不择食”。

孩子愿意和对方交朋友，肯定是因为对方身上某些地方吸引了她。这时候如果批评对方，肯定会引起孩子的反感。不如尊重对方，了解孩子为什么喜欢和对方做朋友，然后再和孩子表达自己的忧虑，比如不认可对方身上的某些毛病和不当行为，担心孩子也这样做。这样能帮助孩子理智地认识自己的朋友，接受对方的优点，但不去模仿对方的缺点。

父母的阻止不能真正帮孩子脱离坏朋友，毕竟远离了一个，还会有下一个。与其帮孩子做决定，不如把和这些人交往的后果告诉她们，鼓励她们自己做出判断。比如：和做坏事的孩子在一起，自己也容易染上坏习惯，更有可能违法犯罪；和拉帮结派的人在一起，自己也会受到排挤；和不爱学习的人在一起，自己也会变得不上进。孩子清楚了这些，就会在内心做出选择，主动远离那些坏朋友。

女儿，妈妈想对你说：

1. 父母无法帮助你选择朋友，更无法阻拦你跟朋友交往，只是希望你能理智地认清自己的朋友。

2. “择其善者而从之，其不善者而改之”，希望你能学会辨别善与不善。

不必讨好，拒绝“友情脑”

女孩长大以后，在她们的世界里，朋友就会变成很重要的人。为了得到友情，得到朋友的肯定，她们愿意付出自己的真心，愿意和朋友分享。鼓励孩子交友没错，但是不要让她们成为只会讨好的“友情脑”。

01

一天，小女儿的两个同学可馨和薇薇来我家玩。我给她们送一盘水果过去，刚来到门外，就听见可馨和我女儿说：“你这个娃娃真好玩，挺贵的吧？能不能借我玩几天？”女儿二话没说就把娃娃给了可馨。这个娃娃可是女儿最喜欢的玩具，当初她求了我一个月，我才买给她。现在她竟然这么痛快地借给别人了，我顿时目瞪口呆。

薇薇让女儿过去陪她下棋。两个人刚下了一会儿，眼看着女儿都要赢了，薇薇跟我女儿说："每次下棋都是你赢，怪没意思的，你让我赢一回呗。"女儿立马把棋子扔下认了输。

等可馨和薇薇走了，我问女儿："玩具、零食什么的，都是你最喜欢的东西。你把它们都给了别人，你就一点都不心疼吗？"女儿无奈地说："我也不想这样啊。可是，万一我不这样，她们都不跟我玩了，可怎么办啊？"

看着女儿的小脸，我不由得心疼她。她才这么小，就懂得讨好别人，才能和对方做朋友。可是，靠讨好得来的友谊，女儿会感到快乐吗？我突然意识到，应该帮助女儿树立起正确的交友观。

02

朋友是孩子成长中不可或缺的角色，学会交友能够提高孩子人际交往的能力。不过，有些孩子在交友过程中却进入了误区：为了交友而委屈自己，讨好别人。

一味地讨好别人，却忽视自己的感受，眼里只有别人，没有自己，这些其实是讨好型人格的表现。这样的人总是想尽办法去满足对方的要求，迎合对方的喜好，宁愿让自己麻烦，也不想拒绝别人的请求，害怕得罪人。

讨好型人格形成的原因有很多，比如孩子可能缺少父母陪伴、受到生活环境的影响、经常受到父母的指责和批评等。不过，本质上是因为孩子的内心缺乏安全感，所以不得不去讨好别人，看别人的脸色行事。

这样的人非常需要别人的认可和喜欢，需要别人的重视和依赖，这种需要远远超过一般人在这方面的心理需求，如果得不到就会感到焦虑和沮丧。

03

我问女儿们，什么是真正的友谊？她们想来想去，说不出来。我说，真正的友谊是需要两个人都感觉舒服，这样她们才能在一起相处，关系才能长久。如果做不到这一点，就算关系暂时没出现问题，早晚也会结束。

小女儿似懂非懂地点了点头，我摸了摸她的头。我知道，孩子讨好别人缘于内心的善良，但就怕这种委屈自己的善良，在对方眼里变成卑微，让对方以为孩子是可以任意欺负的对象。

我告诉女儿们，我们在和朋友交往的时候，只要用自己感到舒适的方式去和朋友相处就可以了。真正的朋友不会因为你的讨好而留下，也不会因为你的拒绝而离开。

真正的友谊来自相互吸引，交朋友时要展露真诚，表达真实的自己，不取悦别人，也不压抑自己。你由内而外散发出自信的时候，自然能够吸引来和你同频的人，找到属于自己的知心朋友。

女儿，妈妈想对你说：

1.“老好人”虽然受欢迎，但未必会被人重视。

2. 友情虽然重要，但自己也很重要。爱朋友，也要爱自己。

不要轻易被人“拿捏”

最近几年，“PUA”和“拿捏”成为网络上比较火爆的词语。这反映了人们越来越重视积极健康的人际关系。在交友时，女孩要注意远离朋友之间的“PUA”，不要让自己轻易被人“拿捏”。

01

一天晚上，大女儿心事重重地问我：“妈妈，我这个人是不是很糟糕？”我一愣，问她，怎么会这么想？她愁眉苦脸地说，她在班里最好的朋友林琪最近经常说她长得不好看，身上还有很多缺点，让她特别没有自信。

大女儿说：“她不止一次这么说了，害得我现在做什么事情都没信心。她还说，也就她愿意跟我做朋友。我一想，好像还真是那么回事。我最好的朋友只有她了。”

我记得大女儿本来在学校里人缘还是挺不错的，很多同学都喜欢和她一起玩。如果她真的浑身都是缺点，怎么会有那么多人都喜欢和她一起玩呢？

大女儿听我这么一说，不禁陷入了沉思。我问她，林琪除了这么说，还做了什么事情吗？她说："林琪之前这么说过一回，看我不高兴，她就向我道歉了，不过她说是为了我好才给我提意见的。现在她又这么说，我就怀疑我是不是真的有问题。"

我告诉大女儿，林琪的这种做法是在贬低她。如果女儿真的相信了，恐怕以后就会被对方拿捏住。到那时，她在心理上会越来越处于弱势，逐渐被对方所控制。她不解地问，有这么严重吗？我指着不久前网络上的一则报道说，当然有，而且特别严重！

上海有一个女生报案说自己被两个闺密诈骗了上百万元。警方经过调查发现，这个女生大学毕业后和两个闺密合租房子。这两个人先是欺骗女生，让她认为自己涉嫌信用卡诈骗，随后又给她出主意花钱"消灾"，并表示可以帮她垫付，让女生分期还给她们。

女生在她们的欺骗下开通多张信用卡套现，她家也为此负债累累。在闺密的操控下，女生一家都成了闺密的"提款机"。直到闺密们因为女生还不上钱而报警，女生才知道自己被骗了。

女孩之所以被骗了 8 年才清醒过来，正是因为这两个闺密利用了她的单纯善良和软弱性格。她们长期不断地进行打压，让女孩逐渐失去了自信，身边的朋友也越来越少，只剩下她们二人。

大女儿恍然大悟地说，原来"PUA"这么可怕，那她可一定要多加小心，今后要注意离林琪这样的人远一点，千万不能上当！

02

“PUA”指的是在一段关系中，一方通过言语和行为的否定、打压，对另一方进行精神上的操控。“拿捏”的意思是把控和掌握。这两个词用在人际关系中，都有着“操控”的意味。无论是“PUA”，还是“拿捏”，都属于精神控制。

在朋友之间，也存在着精神控制的现象。实施操控的人在一开始会对另一方很好，不断地打造自己高价值的形象，然后慢慢地开始用语言和行为去打压和贬低另一方。被操控的人会觉得自己一点也不好，越来越没有价值，认为只有对方才是对自己最好的人，根本察觉不出对方对自己的恶意。

女孩为什么会接受操控呢？是因为这种精神操控很隐蔽。对方不会一上来就贬低女孩，而是缓慢地进行。他们通常会说“你干啥都不行，浑身都是毛病，只有我愿意和你一起玩”“全世界都不理解你，只有我理解你”，让女孩信以为真。

他们会小小地伤害女孩一次，然后再以“我是为你好”为由求得女孩的原谅。这种小的伤害被原谅后，他们就会尝试中度的伤害。如果再次获得原谅，他们还会实施重度的伤害。女孩慢慢地习惯性原谅，再习惯性地受伤害，从而形成了一个循环。

教育心理学专家李玫瑾教授认为，这实际上叫拿捏人的技巧。它不是简单的控制，而是给人造成错觉，让人觉得自己有问题。女孩想要摆脱“PUA”，需要拥有强大的内心和清醒的头脑。尤其是要注意，遇到否定和贬低自己的人，要尽早远离，否则真的会掉进陷阱。

03

越是不会说“不”的乖女孩，越容易遭遇“PUA”。为了防止女儿们被“PUA”，我平时就注意减少对她们的否定和贬低，也不会用“为你好”为由要求她们听话，以免她们形成习惯，将来遇到“PUA”也识别不出来。

我会尝试去理解她们的想法，不让她们有不被理解的感觉。我希望她们能成为一个有主见、有自信的人，这样才不会因为别人的几句话而受到影响，也不会随便相信别人的话。

我鼓励她们把和同伴相处时遇到的问题讲出来，引导她们自己去分析和判断。我还教她们如何去审视和朋友的关系。最简单的方法就是，让她们自己分析自从和这个朋友交往之后，她们的状态是越来越好了，还是越来越差了。如果是前者，就是好的关系，否则就应该远离这个朋友。

我告诉她们，好的朋友只会支持和帮助她们，而不会贬低、逼迫和威胁她们。遇到这种人要果断远离，越远越好。

女儿，妈妈想对你说：

1. 如果有人不断否定你，你就要考虑对方是否有恶意。

2. 希望你能成为内心强大的女孩，有自尊、有主见。

要学会分辨真假朋友

朋友，是彼此志同道合、情意相投、情谊深厚的人。朋友分很多种，有知己好友，也有酒肉朋友；有的是真朋友，有的是假朋友。女孩在交朋友时一定要注意分辨。

01

一天放学后，小女儿回到家就跟我们宣布，她以后再也不和雅楠做朋友了。雅楠是刚转到他们班里的女孩。小女儿前些日子还和我们说，要和雅楠做好朋友来着，怎么今天突然就要绝交了呢？

女儿说，雅楠总是和她说，学习都是靠天赋的，后天再努力也没用。她看雅楠学得不太认真，就受到一些影响，在学习上也有些懈怠。

可是，前些日子期中考试的成绩出来以后，雅楠的成绩居然比她高很多。女儿后来才知道，雅楠看似在学校不怎么学习，其实在家里学得很刻苦，每天都是十一二点才睡。这让我女儿很生气，觉得雅楠就是存心骗她，不想让她比自己考得好。

之前，两个人好的时候，曾经分享过一些彼此的小秘密。雅楠曾经和我女儿说过自己家的事情，说她父母感情不太好。我女儿也跟她说了一些自己的小秘密，比如她曾经干过的糗事。

两个人约定彼此保守秘密，没想到过了几天，女儿的秘密就被传扬了出去，害得她被班上的同学笑了好几天。我女儿质问雅楠为什么会泄密，雅楠很不好意思地说自己只是不小心说漏了嘴，然后还一脸无辜地让女儿原谅她。

还有一次，上完体育课，大家都回到教室里。我女儿发现自己的课本不见了，在教室里找来找去都没找到，急得都快哭了。这时候，雅楠才把书还给了她，还和别的同学嘲笑她着急的样子。看我女儿不高兴，她才道歉说自己只是开玩笑。

这些事情让我女儿下定决心和雅楠划清界限。她说像雅楠这样的朋友不是真朋友。我听了之后，很为她的决定感到欣慰。看来孩子已经知道什么样的朋友才是真朋友，什么样的朋友是假朋友了。

02

友情是女孩生活中必不可少的一部分。有的朋友关系密切，彼此分享喜怒哀乐，彼此间就算是相处一辈子，依然能够情真意切；而有的朋友则虚情假意，他们看似友善，却会在背后算计你、利用你、背叛你……

有时候，女孩会被蒙蔽双眼，分不清谁是真朋友，谁是假朋友。能做到以下几点的人，才是真正值得亲近和信赖的朋友。

坦诚相待。人与人之间的交往，需要双方真心实意，这样才能成为长久的朋友。真正的朋友是打从心底里就信任你，对你不会怀着戒备之心，也不会时刻提防你，更不会算计和利用你。

严守秘密。真正的朋友不会故意刺探你的秘密，即便知道了你的秘密，他们也会帮你严格保密，不会随便泄露，更不会用它们来伤害你。

在意你的感受。一个内心尊重你的朋友，会在意你的感受。他们不会贬低你、嘲笑你，更不会当众让你难堪。

可靠。在你需要帮助的时候，无论你是否求助，真正的朋友都会为你提供尽可能的帮助，即使帮不上忙，他们也会站在你这一边，给你鼓励。

希望你好。真正的朋友会希望你比她更好，他们愿意看到你成功，也支持你向更好的方向发展。

想要分辨出身边的真假朋友，方法有很多。女孩需要在与朋友互动时注意细节，通过观察对方的一言一行进行分析。

03

真朋友能让人生美好，假朋友却会让人生不幸。所以，我会教女儿们在和朋友相处时，注意识别真假朋友，一旦发现有假朋友，要及时摆脱。

如果有人经常对她们说假话，这样的朋友就不能够交往。因为满嘴谎言的人，很难让人相信他们的话，自然也不敢和他们说心里话。双方之间不能敞开心扉，很难长久相处下去。

想要避免被最亲近的人出卖，就要远离那些经常泄露别人隐私的人。这种人喜欢在背后说人闲话，如果把秘密告诉他们，他们很可能会把这些事情当作谈资，甚至公之于众。

喜欢贬低和取笑别人的人，不能深交。他们喜欢打着“开玩笑”的旗号，贬低、嘲笑别人，开过分的玩笑。特别是有人喜欢当众取笑、捉弄别人，成心让对方在众人面前难堪。对方生气，他们还说人家心胸狭隘。

势利眼、一味索取的人，也要远离。他们只会靠近那些对他们有帮助的人，对方如果失去价值，就会被毫不犹豫地抛弃。如果哪一天占不到便宜了，他们还会指责对方一点也不懂得感恩。

见不得你好的朋友更是要小心。你取得了成绩，他们不会赞扬你、祝贺你，反而会质疑你。他们在各方面都喜欢压你一头，不希望看到你超过他们。

不论是选择朋友，还是在与朋友相处的过程中，都需要保持警觉。只有这样，我们才能拥有真正的朋友，享受友情的美好。

女儿，妈妈想对你说：

1. 真正的朋友，会让你越来越优秀；假的朋友，会让你过得越来越糟糕。

2. 希望你身边都是可以共同成长，陪伴你走过一生的真朋友。

第

章

懵懂的好感，要守住感情的底线

学习好就可以早恋吗

对于早恋，女孩往往觉得那只是人生的一段经历，认为只要不影响学习就可以。其实，这是因为她们对于早恋没有正确的认识。那么，事实真的像她们所认为的那样吗？

01

我家有两个女儿，所以对早恋的问题一直比较关注。网络上曾经有一则报道说，有一对重点高中的学霸情侣一起考上了清华大学。我曾经和女儿们讨论过这个问题，她们指着这则报道说，早恋也未必会影响学习啊。

我说早恋会不会影响学习，要因人而异。这对学霸情侣的早恋之所以充满“正能量”，是因为他们本身是学霸，时间管理和情绪调节的能力要强于普通学生，能够很好地平衡学业和爱情。而且他们还拥有共同的目标，懂得互相鼓励、共同进步，不像很多学生情侣一样一味地沉浸在感情之中。早恋的情侣能修成正果的并不多，这对学霸情侣只是屈指可数的幸运儿。

大女儿问我，那这么说来，学习好的情侣就可以早恋了吗？我说那可不是这个意思。不是所有学习好的孩子都能理智地面对感情，不让早恋影响学习。

我给她们讲了个故事。我朋友家的女儿曼曼，学习成绩好，个人能力也强。进入初中以后，她喜欢上了班里的一个男生。那个男生成绩一般，但是说话风趣幽默，长相也帅气，是班里的"风云人物"。

曼曼觉得和这个男生在一起很快乐。在一起后，男生的一举一动都会影响到她的喜怒哀乐。有时，为了微不足道的事情，两个人会吵架。在负面情绪的影响下，曼曼的排名一下子从前三掉到了二十多名。

不久后，两个人就分手了。经过父母的劝说和引导，曼曼开始认真审视自己的现状，回想起自己最初的目标。为了不让自己就此沉沦，她又开始努力学习，争取让自己重回好学生的赛道。

02

女孩早恋从来都不是无缘无故的。她们通常都是在各种因素的推动下早恋的。进入青春期后，女孩的性意识不断发展，对异性会产生强烈的好奇心，并在这种好奇心的驱使下开始早恋。

早恋也可能是友谊的升华。女孩的大部分时间都在学校中度过，在和男同学的朝夕相处中，容易滋生感情。一来二去，孩子们之间互相爱慕，就容易早恋。

有些女孩的家庭不幸福，缺少关爱，或是觉得没有人理解自己。她们内

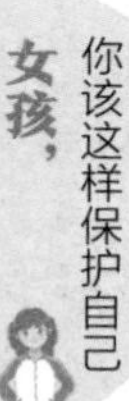

心渴望有人陪伴，想通过异性的关怀来弥补心灵上的缺失。

在传统的观念中，可能认为不爱学习的学生更容易早恋。但其实，父母和老师眼中的好学生，同样容易早恋。

学习好的学生虽然爱读书，但是她们也会有叛逆期。哪怕是一直听话的女孩，在此期间，也会变得“不听话”。她们喜欢对抗父母，想要按照自己的想法做事。也许平时她们会比较自律，但是在面对感情时就未必了。

在学校里，学习好的学生通常更受关注。随之而来的，就会有异性向她们投来爱慕的眼光。可能会有很多男生和她们展开互动，甚至有男生会明着追求她们。女孩面对来自异性的关注和追求，难免会有动心的时候。

学生时代的恋爱，对于很多学生来说是一种大胆的尝试和冒险。尤其是那些平时听话，没有恋爱经验的好女孩，她们觉得早恋能带来新鲜感，而且她们相信，恋爱并不会影响成绩。

可能女孩认为自己不会受到早恋的影响，但早恋确实存在一些弊端。最常见的就是女孩的情绪会因为恋情而起伏不定，而心情又会影响女孩的状态。早恋通常会无疾而终，这很可能会给女孩带来一定的心理创伤。

03

关于早恋，我想和女儿们说的是，她们的感情是纯洁的，是年轻人纯真性格的体现。但是，我仍然不鼓励她们早恋，因为早恋是一件风险很大的事情。

绝大部分的早恋都会影响学习。校园中，因为早恋而造成成绩下滑和心态崩溃的情况屡见不鲜。很多女生因为无法平衡学习和恋爱，导致成绩下滑。纵然有一些早恋并不会影响成绩，但那是很罕见的情况。这种概率未必会出现在她们身上。

年轻的女孩往往分辨不出什么是“好”的爱情，又抱着“爱情至上”的观念，觉得对方的缺点不足为惧，一旦对方素质较差，很容易被带坏。更何况，很多女孩的自控力比较差，为了爱情奋不顾身，容易做出伤人伤己的傻事。

很多时候，她们所认为的喜欢，可能只是比较亲密的友情而已。如果不能够确定自己是否和对方有那么强烈的共鸣，不如停留在知己的阶段，这样关系能够更加长久。

学生时代是人生很重要的阶段，时间宝贵，逝去了就不会重来，女孩们是输不起的。她们的精力和热情，应该投入到学习和对未来的准备上去，因为她们的人生路还很长。

所以，女孩在心动的时候，最好不要冲动，在陷入一段感情之前，最好多加考虑。女孩除了感性外，还要有理性，不要做感情的奴仆。

女儿，妈妈想对你说：

1. 正能量的早恋毕竟是少数，学生应该以学业为重，不要被早恋所误。

2. 假如你徘徊在早恋之中，希望你尽快找到出路。

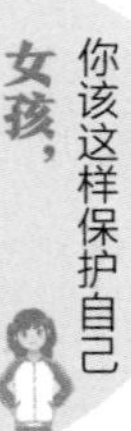

自尊自爱比成绩更重要

我们总是说自尊自爱很重要。和男生交往时，女孩尤其要注意把握分寸，做到大方得体，这是培养自尊自爱的重要一环。这一点往往比成绩更加重要。

01

在大女儿学校门口，我看见一个女生坐在几个男生中间，他们聊得很热络。女生想让一个男生帮她买支雪糕，于是就抓着男生的袖子，嗲声嗲气地撒娇，旁边几个男生不住地起哄。

大女儿走出校门，我就带着她离开了。在回家路上，我问她，坐在学校门口的那个女生是谁？她叹了口气，说那是他们班上的“著名人物”，叫美嘉。这女孩活泼开朗、热情大方，和班里很多男同学的关系都不错，甚至和其他班的男同学也很熟。不过，这姑娘什么都好，就是在行为上不太自重，经常和男生勾肩搭背、相互打闹。

其实美嘉这孩子人不错，不是个坏孩子，可就是因为在举止上总是让人感觉很轻浮，很多女同学都觉得她不太自爱，会在暗地里嘲讽她。老师们对她的印象也不太好，意见很大，都自动把她归到了“问题学生”的行列。有些男生甚至在私底下议论她这么随便，肯定不是什么正经人。

我听了大女儿说的话，很为美嘉感到难过，也为她感到深深的忧虑。女孩性格开朗，和男同学相处得好，这没有什么可质疑的。可是，如果太过随意，女孩就会给一些别有用心之人提供伤害自己的机会，甚至会让自己的形象和声誉受到很坏的影响。

02

在学校里除了学习，人际交往也是必不可少的事情。青春期的女孩对于异性，产生了解、交往和结为朋友的需要，这是很正常的心理需求。相比同性，这时候的女孩更愿意和男孩相处。

这主要是因为，男生比女生更容易相处。女生的性格大多比较敏感，比较爱生气，也比较爱计较。女生之间相处，要顾忌的事情比较多，所以即便关系好，女生间也容易出现矛盾。但是男生就比较不拘小节，也不太会记仇。他们一般不会对女生发火，一些性格大大咧咧的女生和他们在一起时就不用担心说错话惹对方生气。

女生喜欢和男生相处，也是为了追求安全感。大多数男生在女生面前都比较绅士，而且对于女生，男生天然就会产生一种保护欲。很多女孩都喜欢和身材高大、成熟稳重的男生在一起，这会让她们感到安心。

女生喜欢和男生相处，还可能是因为新鲜感。男生和女生因为生理和心理的不同，在思维方式和行为习惯上也存在很大的差异。对一些女孩来说，和男生相处是一种很新奇、有趣的体验。

青春期男女的正常交往，可以让男女生互相学习、互相影响，做到在智力和情感上的差异互补、取长补短，还能够健全他们的心理发展。虽然和男生交往有很多好处，但是女生在和男生交往时仍然要注意把握尺度。

女生和男生过于亲密会给人一种轻浮的感觉，有损名誉。而且有些举动，女生可能认为只是表示亲近，可男生却未必这么认为。女生的某些行为可能会让他们误解为女生想要和自己在一起。假如事后证明并不是这样，两个人都会很尴尬，友情也会随之瓦解。

因此，我告诫女儿们，和男生相处，在言语、行为和着装上都要有所注意。在言语上，不要撒娇发嗲，更不要说暧昧、露骨的话，不要随便开玩笑。尊重对方的隐私，彼此之间不要探讨私密话题。

在行为上，避免亲密的举动，比如拥抱、坐男生腿上、拉手、揽腰等，不要和男生打闹，相处时也不要靠得太近。在男生面前也不宜穿过于暴露的衣服。

女儿，妈妈想对你说：

1. 男女有别，和男生相处时要学会保持距离。
2. 正常交往才能让友谊纯洁和长久。
3. 你不能要求男孩不误会你，所以，你只能约束好自己的行为，不给对方误会的可能。
4. 男女相处可以随意，但是不可以随便。

被骗开房怎么办

开房这种事看似和未成年女孩毫无关系，可实际上，未成年女孩被骗、被引诱去开房的案例有很多。那么，女孩遇到这种“别有用心”的邀请，该怎么办呢？

01

网上曾经有一则新闻，在南宁，一个在技校读书的女生和两个男生出去玩。这两个人是女孩的初中同学，也是很要好的朋友。男生还叫来了另外两个人，五个人一起在外面吃饭、喝酒、唱歌。

几个人在外面玩到凌晨，每个人都喝得醉醺醺的。他们从 KTV 走出来时，有人说现在太晚了，提议一起去附近的宾馆休息。女孩本想回学校，但是这时候学校早就关门了。女孩觉得大家都是同学和朋友，就在众人的拉扯下同意去宾馆暂住一晚。

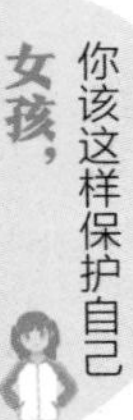

没想到，进入宾馆后，女孩就被这四个男生性侵了。一开始，女孩没有选择报警，后来经过同学们的劝说，她才鼓起勇气报了案。

有些女孩是因为单纯被骗开房，还有些女孩则是为了满足物质欲望而被骗去开房。有个初中女生，因为喜欢一款昂贵的包却又无力购买，就在朋友圈写下了这个愿望。没想到一个陌生的网友主动提出，只要女孩和他一起开房，就帮她买这款包。于是，女孩便答应了和这个男网友“约会”。

十几岁的女孩正是懵懂无知的年纪，很多心怀不轨的人正是利用这一点伤害了她们，而她们还丝毫不知道自己已经被骗、被侵害了。

02

对于女孩来说，底线教育十分重要。女孩的底线可以分为安全底线、身体底线和感情底线。

安全底线。女孩应该记住，女性在暴力犯罪中是弱势群体，所以自我保护意识永远应该放在第一位。旅馆、酒店等房间都是密闭场所，女孩一旦在这些地方受到人身控制，很容易发生危险。无论对方是喜欢的人，是熟人，还是陌生人，和别人一起出去开房，都有受到侵害的可能。所以，未成年女孩在没有家人陪同的情况下不要去酒店、旅馆等地方。

身体底线。千万不要为了任何事情和利益，去出卖和伤害自己的身体。金钱虽然很重要，但是女孩的尊严更加重要。和那些蝇头小利相比，身体上的损害和名誉的损失要严重得多，对一个女孩的打击和影响是巨大的。

感情底线。很多女孩在陷入爱情后，就容易迷失自我，甚至为了满足对方的喜好，不惜迎合对方，包括满足对方开房的要求。女孩担心自己不同意对方的要求，就会被认为不是真爱。可如果是真爱，对方又怎么忍心欺骗、强迫、委屈你呢？爱情没有上限，但是必须有底线。

我知道女孩们处在这个年龄段，或多或少都会有一些虚荣心。很多不法分子会想出各种办法，用花言巧语和物质条件来引诱她们。我希望她们在面对这些诱惑的时候要记住：除了父母之外，没有人会无缘无故地对她们好。

我还告诫她们，和同学、朋友见面、聚会的时候，如果对方把酒店当作见面地点，或是提议去酒店，都不要同意。不要觉得对方是熟人，就不会有问题。聚会时不要喝酒，要提防别人在你喝的东西里添加药物。

女儿，妈妈想对你说：

1. 对于未成年女孩，酒店有很多不安全的因素。

2. 你是自己人身安全的第一责任人，要为自己的安全负责。

3. 无论你对某个男生有无好感，都不要和他一起去酒店。

4. 有人邀请你去酒店时，要坚定地拒绝。

偷尝“禁果”，后果你承担不起

在少年青涩的恋爱中，总是有些女孩把持不住自己，和男孩偷尝“禁果”。这可能给她们带来难言的苦涩和难以承受的后果。

01

一个朋友告诉我，她亲戚家一个 16 岁的女孩，和男朋友在一起三个月就把自己交给了对方。

几个月后，女孩发现自己的生理期延迟了，身体也总是不舒服。男朋友陪着她去了医院，检查的结果让两个人大吃一惊：女孩怀孕了，而且是宫外孕！医生提醒她，情况很严重，而且建议她尽快手术。

和男朋友商议后，女孩自己签下了手术同意书。手术的结果是，女孩虽然保住了生育能力，但是输卵管却被切掉了一半。但一切为时已晚，女孩为此后悔不已。她哭着给妈妈打了电话，承认自己错了。妈妈知道女孩住院后，急忙开车连夜赶了过去。

父母禁止孩子早恋，尤其是禁止女孩早恋，怕的就是她们会因此怀孕，这实在不是她们这个年龄应该面对的事情。

02

未成年女孩处于正在发育的年龄，这个阶段发生的性行为属于过早性行为。而大多数人在 18 岁之后，身体和生殖器官才基本发育成熟。过早性行为容易导致女孩的处女膜和阴道撕裂，出现大出血的情况。性器官没有成熟的时候进行性行为，女孩的生殖系统很容易发生感染，比如输卵管堵塞、阴道炎等。如果在这个过程中不注意清洁卫生，还可能会引起尿道炎、盆腔炎等妇科疾病。如果缺乏必要的保护措施，女孩可能会感染梅毒、淋病、艾滋病等性传染病。初次性行为的年龄过早，还会提高女孩患宫颈癌的风险。

假如在发生性关系时没有做好避孕措施，女孩还容易意外怀孕。如果不幸是宫外孕，女孩会有生命危险。如果男孩和女孩在心理上没有做好承担责任的准备，等待女孩的必然会是流产。流产对女孩身体的伤害性很大，药物流产或人工流产有可能导致大出血。频繁流产会导致子宫变薄、月经不调、输卵管粘连、盆腔炎等，严重时会导致不排卵、不孕等问题，影响女孩的生育能力。

流产对女孩的心理影响也不容忽视。流产之后，女孩体内的雌激素水平会突然下降，女孩会出现莫名的抑郁和疼痛感，出现情绪低落、不愿与人交流的现象。流产后出现的并发症会导致女孩紧张、焦虑，影响睡眠和饮食。人流手术还会让女孩对异性、性行为和妊娠产生排斥和恐惧感。

03

有人把少男少女的爱情比作树上青涩的果子，如果因为好奇，只图一时的快感就把它采摘下来，品尝时却发现它是酸涩的，到那时就悔之晚矣。

我告诉女儿们，她们在未来会有很多种可能，此时的恋爱未必能长久，何必为一时之乐而冒险？爱和性都是本能。性和吃饭一样，是人类的基本生理需求，可是饮食有禁忌、有克制，性也需要克制。身体上的快乐虽然诱人，却可能透支今后几十年的健康。

想要避免过早地发生性行为，就要避免产生性冲动。在和异性相处时，女孩不要和对方讨论暧昧的话题。对方或自己产生冲动时，要及时转换话题。尽量和对方待在光线明亮、人多的公共场所。当男生提出发生关系的要求时，女孩一定要予以拒绝。即便对方以分手为由要挟发生关系，也不要妥协。

女儿，妈妈想对你说：

1. 人生的每个阶段都有不同的任务，该现在努力的，不要留给未来，该未来完成的，不要提前到现在，如果本末倒置，就会贻害无穷。

2. 吃果子时一定要吃成熟的，那样才香甜可口。

第章

身体的秘密，要用心了解和爱护它

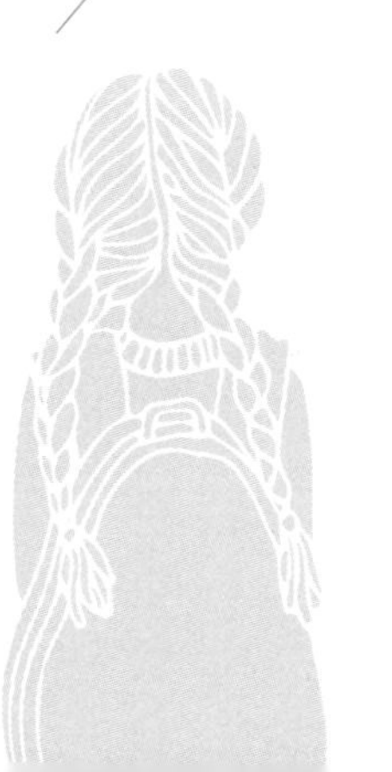

关于月经，你要知道的那些事

所谓的“大姨妈”就是女孩的月经。几乎每个女孩在月经初次来潮的时候都会很紧张、很害怕，也会有很多“为什么”，但只要了解其中的原理就不用担心了。

01

有一天晚上，大女儿去卫生间，半个多小时还没出来。我过去敲门，过了好久，门才打开。我看见地上有一个空盆，洗手池和地上还有很多水渍，就问大女儿在干什么。她很紧张地说没干什么，她刚才在洗内裤呢。我还没反应过来，她就跑走了。

第二天是休息日，一大早我起床去卫生间，又碰见大女儿在洗内裤。我觉得情况有点不寻常，就把小女儿拉过来询问情况。小女儿偷偷告诉我，她姐姐说自己流了好多血，从昨天晚上到现在，越来越多。她一直悄悄地去卫生间清洗。

小女儿还担心地问我："姐姐会不会死？"我安慰她："没事，你姐姐只是来月经了，这说明她长大了。"看来，大女儿之所以这两天这么反常，是因为月经初潮。是时候对两个女儿进行一下生理期知识的科普了。

02

月经是女性的一种正常生理现象。经期流出的血被称为经血，和身体因为创伤流出的血不同，它是由子宫内膜的碎片、黏液和血液等组成的。

女性进入青春期后，卵巢会产生并排出卵子。此时，女性体内的雌激素和孕激素都会不断地升高，促使子宫内膜不断增生、变厚。

假如女性此时怀孕，受精卵就会在子宫里着床。怀孕后，女性体内的激素水平也会改变，不会再排卵，也就不会产生月经了。但是假如没有怀孕，雌激素和孕激素的分泌就会减少，子宫内膜会随之脱落，内膜的碎片会和未受精的卵子、血液一起从阴道排出，这就是经血的由来。

女性的第一次月经被称作初潮，女性平均的初潮年龄为 12 岁左右，不过初潮的年龄和体质、遗传、营养状况等多方面因素有关，导致有人会提前，也有人会延后。

出血的第一天作为月经周期的开始，那么两次月经第一天的间隔时间被称作一个月经周期，一般 28~30 天为一个周期。不过，这个周期的长短因人而异，有人是 25 天，有人则是 45 天，只要有规律性都属正常。有的女性第一次和第二次月经间隔很久，这是因为卵巢发育还不成熟，属于正常现象，不必过分担心。

03

我叮嘱女儿，在月经期间，要注意保持私密部位的卫生，每天都要进行清洗，避免感染。洗澡时要淋浴，不要盆浴。内裤和卫生巾要勤换。女孩在月经期间抵抗力下降，要注意保暖。避免淋雨、涉水、游泳，也不要用冷水洗头、洗澡，防止月经减少或停经。经期还要避免熬夜，避免高强度的剧烈运动和重体力劳动，可以适当参加轻松的运动，像散步等。

月经期间要禁食生冷寒凉的食物，比如雪糕、冰可乐、冰西瓜等，避免辛辣刺激的食物，比如辣椒、浓茶、咖啡等，多吃一些有营养、温热的食物，比如新鲜的蔬菜、水果、蛋类、瘦肉、豆制品，多喝开水。

最重要的是，在经期要保持乐观稳定的情绪，防止月经失调。如果在经期感到不适，要及时前往医院。

女儿，妈妈想对你说：

1. 月经会陪伴女人的大半生，所以你要学会在月经期间好好照顾自己。
2. 月经期间身体会有不适，要学会调节情绪，保持愉快的心情。

性教育的缺失，给孩子带来了哪些烦恼

生活中，很多青春期的女孩因为缺乏必要的性知识，再加上不成熟的生理和心理，面对各种问题会慌乱又无助。对孩子做好性教育，才能减少她们的困惑和烦恼。

01

一次，我和老公早上出门，大女儿还在睡觉。刚走一会儿，我想起来有东西没带，就回家去取。我拿完东西正想走，突然发现女儿卧室的门没有关严。我正想过去关好时，突然从门缝里看到女儿正躺在床上自慰。我没有声张，只是轻轻地把门掩好，又悄悄地离开了家。

后来，我找了个机会和大女儿聊这件事情。她不好意思地说，她们几个好朋友之前在一起看了一部电影，里面有些不可描述的镜头。等到晚上回家时，她还在心里回味，于是就趁着洗澡的时候，偷偷在卫生间里自慰。

没想到此后，她自慰的次数越来越多。她知道自己这样不对，可就是控制不住自己。她现在特别害怕，哭着问我："妈妈，我这样是不是个坏孩子？你会不会怪我？"我摸摸她的头，安慰她不要害怕，她已经长大了，对性产生好奇、有冲动、有需求都是很正常的事情。

02

现在的女孩普遍比较早熟，她们在成长的过程中，如果缺乏科学、正确的性知识，就会陷入与身体有关的困惑之中。

青春期女孩常见的困惑，往往和性冲动有关。当她们的第二性征开始发育之后，性冲动也会随之而来。很多女孩并不能正确地认识性，觉得性是肮脏、下流、见不得人的东西。她们产生性冲动，出现自慰的行为时，会感到羞愧、自责、困惑、苦恼，想要诉说又难以启齿，最终对性产生厌恶和恐惧的心理。

随着生理发育的不断成熟，青春期的女孩还会对自己的形体产生焦虑。她们会注意到自己的身体在青春期中的变化，像胸部的发育、腋毛的生长、分泌物的产生等。如果父母不提前和她们讨论，告诉她们青春期身体的哪些发育是正常现象，她们遇到这种情况时就会感到恐惧，甚至惊慌失措。

还有些女孩因为自己的身体发育情况，和别人有所不同，而为此十分敏感，甚至心事重重。比如，有些女孩对自己的身高、胸部的发育等很在意，一旦发现自己和别的女孩不一样，就会烦恼不安。

这些焦虑对青春期女孩的影响很大，不只会影响她们的日常生活，还会影响她们的精神状态和性心理的发展。

03

关于自慰的问题，我觉得作为父母，最基本的态度应该是不能责怪。作为妈妈，除了不反对女儿自慰之外，我还会从大人的角度去给她们建议。自慰虽然是正常的生理需求，但是过于频繁会使身体出现问题。如果自慰成瘾，还会导致内分泌紊乱，形成心理依赖，影响生活和学习。

自慰其实是性能量的宣泄，通过运动、绘画、音乐等积极有益的活动也可以宣泄、舒缓性能量。

对于胸部发育的问题，我会告诉女儿们，胸部的发育主要取决于遗传因素和营养物质的摄入。胸部的大小并不是缺点，每个人的情况都不同，只要是自然健康的，就完全不必为此而担心。

对于其他的身体变化，比如腋毛，我会告诉女儿们，腋毛有助于汗液的排出。此时要注意腋窝的清洁卫生，如果腋毛过多过长，想要去除的话，要采用合理的方式。至于分泌物，如果是生理性白带，属于正常现象；如果伴有瘙痒等症状，可能是病理原因，建议前往医院检查。

女儿，妈妈想对你说：

1. 妈妈希望正确的性教育能够保护你不受到伤害。
2. 你有任何困惑，我都愿意为你解答。

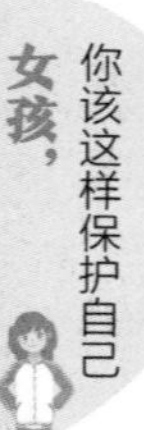

青春痘可恶，但不能随便挤

青春期女孩最爱美，喜欢照镜子，但是当她们看到脸上冒出的青春痘时就会如临大敌，恨不得马上“除之而后快”。不过，青春痘虽然讨厌，在处理时也是有注意事项的。

01

自从大女儿脸上开始长青春痘，她经常在照镜子时大呼小叫：“妈，你快来看啊！我脸上长了颗青春痘，怎么办啊？”我告诉她不要总是盯着痘痘看，千万不要用手挤，免得留下疤。不过，她总是不听我的劝告，在家里时一天会照好几次镜子，还总是用手对着痘痘按啊按的。

我正想安慰她，她突然跟我说想要剪头发，这样就能遮住痘痘了。

我没有让她剪，因为我觉得如果孩子内心里不能正视青春痘，即使遮挡得再严实也没有用。

02

之所以叫“青春痘”，是因为这种痘多发于青春期。青春痘在医学上被称作痤疮，是一种毛囊皮脂腺的慢性炎症性疾病，通常表现为粉刺、丘疹、脓疱、结节、囊肿及瘢痕，伴随有皮脂溢出。青春痘通常会出现在面部、额头和下颌，或者出现在前胸、后背和肩胛等身体部位。女孩的发病年龄通常早于男孩，其中以 10~18 岁的发病率最高。

女孩进入青春期后，随着身体逐渐发育，体内的雄激素分泌也会变得旺盛，而雄激素又会导致皮脂腺产生更多的皮脂。皮脂和脱落的表皮组织混合在一起后，会引起皮肤上的毛孔的堵塞，导致炎症反应，从而引起青春痘的产生。

除了上述主要原因之外，心理压力、免疫力、遗传等因素也是青春痘的发病因素，或者会导致病情加重。

根据皮肤受损的严重程度，青春痘可以分为四级。Ⅰ级轻度表现为粉刺，分为白头粉刺和黑头粉刺。粉刺里面是皮脂和细菌的混合物。Ⅱ级中度表现为炎性丘疹，外形为小而红的疙瘩。当皮肤损伤加重时，炎性丘疹的顶端会逐渐形成脓包，这是Ⅲ级中度。当痘痘发展成暗红色、大小不一的结节或囊肿，形成脓肿，或是破溃后留下瘢痕时，就属于Ⅳ级重度。

03

青春痘的发生通常与饮食习惯有关。甜食内的糖分会刺激皮脂腺分泌，诱发青春痘或使青春痘恶化。高脂类的饮食也尽量少吃，会影响身体健康。

辛辣刺激的食物也会刺激皮脂分泌，加重青春痘。

心理压力和熬夜也会诱发青春痘。经常熬夜、精神压力大时会导致女孩内分泌失调，当体内激素异常时，也会导致皮脂分泌增多，引起青春痘，或导致青春痘加重。

高温环境也更容易引起青春痘，比如在炎热的夏天或是温度较高的环境中。皮肤处在高温环境中，容易导致皮脂腺堵塞毛孔，诱发青春痘。另外，服用某些糖皮质激素类药物和雄激素类药物也会诱发青春痘。

那么，该如何治疗和缓解青春痘呢？我告诉女儿们，首先要保持心情愉快。青春痘并不是很严重的问题，不需要过于担心。日常多吃蔬菜、水果和粗粮。避免熬夜，早睡早起，保持充足的睡眠。尽量避免高温环境和暴晒。剧烈运动后及时洗脸洗澡，洗脸时使用清水或温和的清洁产品。避免使用油性的化妆品。有青春痘时，不要用搔抓、挤压、捏、针挑等方式处理，以免感染，留下疤痕，更不要随便用药。情况严重时要前往医院进行治疗。

女儿，妈妈想对你说：

1. 通过科学的治疗，青春痘是可以治愈的。

2. 保持愉快的心情，有助于青春痘的治疗。

减肥有度，不追求“病态美”

小时候，胖乎乎的女孩总会被称赞可爱。可是，长大之后，女孩发现瘦才是美。为了得到这种所谓的“美”，很多女孩让身体受到了严重的损害。

01

我家大女儿从小就爱美，很多人都夸她好看，让她特别得意。不过，有一天，她回到家里突然和我说，从今天开始就不吃晚饭了，她要减肥。

女儿的身材根本算不上胖，可她非说自己的大腿太粗，腰也不细。她还说班上有几个女同学，个子高，但是体重居然不过百，细胳膊细腿，太让人羡慕了。班上很多女同学都在节食减肥，她也打算少吃，争取减到90斤。

我跟她说，她的体重很标准，一味地追求瘦，反倒有可能伤害身体。

02

青春期的女孩特别在意自己的外貌和身材。网络上流行的“A4 腰”“小鸟腿”“反手摸肚脐”等与身材相关的话题，也在无形之中加重了她们的身材焦虑。她们发现自己不符合这种“美”的标准时，内心就会产生压力，不断地怀疑自己，从而导致自卑。

有些女孩为了减肥，会过度节食。节食减肥太过极端，可能会导致神经性厌食。这是一种进食障碍性疾病，发病高峰在 13~14 岁及 17~19 岁，女性患者要高于男性，症状表现为限制进食、过度运动、强行催吐及认知障碍等，会导致心律失常、脱发、贫血、内分泌紊乱等一系列病症。

有些女孩则会滥用减肥药。未成年女孩服用减肥药，会引起很多副作用，容易引起腹痛、腹泻、心跳加快等不良反应。假如药品中含有激素，则会导致内分泌失调，造成月经不调，影响发育。

过度的运动减肥，同样会给女孩带来伤害。运动量过大时，容易导致月经延迟、月经周期不规律、继发性闭经等月经不调的情况，甚至会导致初潮时间的延后。长时间的超负荷运动会伤害子宫和卵巢。运动时如果不注意，还可能会导致外阴的创伤。

青春期女孩过度减肥会导致营养不良，出现乏力、精神不振等症状，可能影响生长发育，导致身高偏矮。过度减肥还会导致身体虚弱，影响免疫力，容易出现呼吸道感染。很多女孩过度减肥后会出现经血量少、经期缩短，甚至是闭经等症状。

03

女孩们减肥的念头，都源自对自身的否定引发的焦虑和自卑情绪。我希望女孩们能够增强自信心，学会肯定自己，如此才能不受到“以瘦为美”等不健康的观念影响，不被“白瘦幼”的畸形审美所绑架。过于关注体型，只会增加焦虑，不如把精力放在兴趣爱好和积极的人际交往上。

瘦并不等于美，健康的身体、匀称的体型和自信的心态才是美。在如今这个多元化的世界里，审美也是多元的。无论体重几何，自尊、自信的女孩都是最美的。

我不反对女孩们减肥，但减肥需要适度，而且不能求快，否则反弹也会很快，还有可能导致暴食的情况。减肥并没有那么难，只要“管住嘴，迈开腿”。适度的运动，像跑步、跳绳等，合理的饮食，比如避免食用高热量的食物，保持充足的睡眠和积极的心态，就能够让体重维持正常。

女儿，妈妈想对你说：

1. 青春期女孩处在发育阶段，体重增长是很正常的现象。

2. 确实有必要减肥的话，要选择健康、安全、有效的方式。

第九章

必知的法律，要学会用法律保护自己

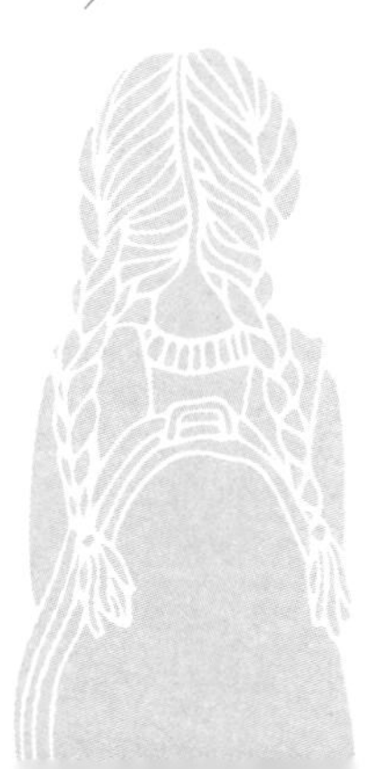

面对霸凌，如何用法律手段保护自己

有些女孩在遭受校园霸凌的时候，只会默默忍受。其实，校园霸凌是违法行为，霸凌者需要承担一定的法律责任。而懂得法律，可以帮助和保护女孩免受校园霸凌的伤害。

01

小女儿放学回到家，告诉我，最近几天，她发现班上一个叫梓妍的女孩受到了霸凌。我平时经常给女儿们讲各种校园霸凌的案例，所以她们对于这个词很熟悉。

小女儿说，她看到梓妍被学校里几个同学推推搡搡、拉拉扯扯的，还被人用脚踹过。梓妍说这几个人总是看她不顺眼，一旦遇到，要么骂她、挖苦她，要么打她、踢她。小女儿问她，怎么不告诉老师，不报警呢？梓妍叹息一声，说没用的，都是未成年人，就算报警，也不用负法律责任。

小女儿问我，事情是不是真的像梓妍说的那样？我说当然不是。在校园霸凌的案件中，霸凌者本人必须要付出代价。即便是未成年人参与霸凌，也不能免罪，虽然会给予从轻判决，但并不等于不判。未成年人犯法不用负责，那早已是过时的错误观念了。如果还把“未成年”当作免罪金牌，就应该醒醒了。

02

根据《中华人民共和国刑法》第十七条，已满十六周岁的人犯罪，应当负刑事责任。

已满十四周岁不满十六周岁的人，犯故意杀人、故意伤害致人重伤或者死亡、强奸、抢劫、贩卖毒品、放火、爆炸、投放危险物质罪的，应当负刑事责任。

已满十二周岁不满十四周岁的人，犯故意杀人、故意伤害罪，致人死亡或者以特别残忍手段致人重伤造成严重残疾，情节恶劣，经最高人民检察院核准追诉的，应当负刑事责任。

因不满十六周岁不予刑事处罚的，责令其父母或者其他监护人加以管教；在必要的时候，依法进行专门矫治教育。

与校园霸凌相关的法律条文，还有《中华人民共和国治安管理处罚法》，其中规定，对于威胁、侮辱、殴打他人的行为，要处以拘留和罚款的处罚。

《中华人民共和国未成年人保护法》《中华人民共和国预防未成年人犯罪

法》中，也有与校园霸凌相关的条文。

03

我告诉女儿们,《中华人民共和国民法典》中，对人格权做了相关的规定，而身体权、健康权、人身自由、人格尊严都属于人格权的范畴。人格权受法律保护，任何组织和个人都不得侵害。

有人侵害她们的人格权，就是违法行为。即便对方是未成年人，也必须要为自己的行为付出代价。所以，在遭到霸凌的时候，我希望她们能增强信心，相信法律一定可以帮助她们。特别是在一些霸凌事件中，被霸凌者身体和心理上遭受了严重的创伤，导致伤残，或是多人实施霸凌行为，都属于严重的违法行为，霸凌者必须受到严惩。

遭到霸凌时，要想办法尽快脱身。在可能的情况下，可以收集和保存一些被霸凌的证据，然后将情况及时告诉父母和老师，严重时可以报警，要求司法机关介入。

女儿，妈妈想对你说：

1. 即便霸凌者不构成刑事责任，也需要承担行政责任、民事赔偿责任等。

2. 学会用法律保护自己，对校园霸凌说“不”。

未经父母同意给主播打赏，钱能追回吗

随着网络直播的流行，很多女孩也加入了看直播的行列。除了观看之外，她们还会对喜欢的主播进行打赏。但是，未成年女孩的打赏并不合法。那么，她们打赏的钱能追回来吗？

01

大女儿刚上初中时，我把自己的旧手机给了她。她在手机上下载了微信。我们的家族群里逢年过节就会发红包，她学会了抢红包，再加上其他长辈给她发的小额红包，加起来差不多有 400 多元钱。

不过，她的微信没有绑定银行卡，无法对外支付。我对此就没有理会。有一天，她突然跟我说，要开通支付功能，因为她很多同学都用微信支付，非常方便。在她的再三保证下，我给她绑定了一张我的银行卡。

一个月之后，她想让我给她转些钱。我问她钱都花哪儿去了，她很痛快地把支付记录给我看。我逐条翻看，发现除了一些餐饮、购物的支付记录外，里面赫然出现一条某直播平台的消费记录，这一笔就花了 350 元。

我问她，是在平台上购物了吗？她却爽快地告诉我不是，那笔钱是看直播时打赏给主播的。我耐心地问她，是哪个主播？她说那个男主播长得很像她喜欢的一个明星，而且说话特别温柔，歌唱得也很好听。为了表示支持，她就“倾尽所有”地打赏了。

女儿的话，让我哭笑不得。她觉得自己做了一件很正确的事情，可是却引起了我的警惕。我和老公说了这件事，老公表示要和那个平台沟通一下，看这笔钱能不能追回来。虽然钱不多，但是女儿毕竟还未成年，打赏行为是不合法的。

关于未成年人打赏主播，近些年不断地爆出一些相关的新闻。湖南有个读高二的女生，在使用妈妈的手机看直播时，迷上了一个主播，经常给其刷礼物，最多时一次打赏上万元。当妈妈发现时，全部家当 55 万元已经被花光，里面还包括给老人看病的钱。

打赏行为还有逐渐“幼年化”的趋势：四川一个读初一的女孩为了吸引主播的注意，利用绑定家人银行卡的账号，给多名主播打赏了 3 万余元；辽宁一个 8 岁的女孩，在用爷爷的手机玩游戏时听信了游戏主播的话，把爷爷微信里的 3000 多元打赏给对方。好在这两个案例中，女孩们的打赏经过民警的努力，都已经被追回，这才没有给两个家庭造成太大的经济损失。

02

很多未成年女孩头脑里并没有金钱的概念，也没有意识到金钱的重要性。对于她们而言，打赏只是做喜欢的事。她们并不知道自己随随便便打赏，就会花光父母辛苦劳动赚来的钱。

有些女孩打赏是为了表达赞赏。她们在看到喜欢的主播时，会用打赏的方式来表达内心的喜欢。有些女孩打赏是为了交朋友。她们在现实生活中没有什么朋友，为了留住这份“友谊”，她们就会进行打赏，甚至巨额打赏。

无论女孩打赏的目的是什么，未成年人打赏的情况都是不符合法律规定的。最高人民法院曾发布过一则指导意见，其中规定，限制民事行为能力人未经其监护人同意，参与网络付费游戏或者网络直播平台“打赏”等方式支出与其年龄、智力不相适应的款项，监护人请求网络服务提供者返还该款项的，人民法院应予支持。《中华人民共和国民法典》中也有着相关的法律条文。

从这些法律条文中可以看到，对于未成年人来说，打赏行为与其年龄、智力不相符。女孩想要打赏，必须由父母代为打赏，或经过父母的同意和追认。因此，未成年女孩的打赏是无效行为，父母可以要求平台返还款项。

不过，在实践过程中，想要平台退款，除了要提供各种材料外，还需要提供打赏者是未成年人，且支付时父母不在场的证明。这导致很多父母在退款时遇到各种阻碍。而且，如果父母没有证据证明自己已尽到监护职责，打赏的费用只能退还一部分。

03

我理解女儿们打赏行为背后的心理需求，但是这种行为肯定要制止。因为她们现在没有赚钱的能力，随意打赏并不是好习惯，而且容易受骗、被人

引诱。

我给女儿们讲解，如果她们进行了打赏，我会先找到平台，向他们反映真实情况，证明打赏的行为人是未成年人。如果对方拒绝返还，我们会报警处理，希望在法律的帮助下，可以挽回损失。

我给女儿们看了各种网络打赏的新闻报道，除了让她们知道打赏的费用可以依法追回外，也让她们注意到追回过程的艰难，甚至还有难以追回的情况。我希望她们能够警醒，不要让自己的家庭因此遭受损失。

为了从源头上减少打赏行为，我和老公会减少女儿们微信中钱款的数额，而且也不会让她们知道我们的支付密码。

女儿们想看直播，我会让她们用自己的身份证进行注册，这样就没有了打赏功能，而且每次观看也有时长限制。她们看直播时，我也会抽空和她们一起看，引导她们和主播正确地互动。

女儿，妈妈想对你说：

1. 作为一个未成年人，给主播点赞、关注、留言就是对他们最好的支持。

2. 如果有主播诱导你打赏，你要坚决地拒绝。

被猥亵、性侵，如何把恶魔送进监狱

猥亵、性侵未成年人，是让人深恶痛绝的恶性案件，会给女孩的身心健康造成严重的损害，因此必须要把这些犯罪分子绳之以法。

01

网络上曾有一则新闻。在上海，一个 13 岁的女孩在和朋友们一起去网吧时，被网吧的管理员盯上。一次，女孩自己去网吧玩时，管理员找借口将她拽到一个隐蔽的房间里，然后拍下了她的裸照。

之后，管理员以裸照相威胁，女孩遭到了可怕的性侵和猥亵。好在女孩的父母察觉到了她的变化，立即报了警。经过法庭的审理，猥亵、性侵女孩的不法分子被判处五年有期徒刑。

看到坏人受到了惩罚，女儿们都很高兴。我告诉她们，国家的法律中，对于猥亵和性侵未成年人有着专门的规定，而且都是从重处罚的。只要有人胆敢向女孩们伸出罪恶的黑手，就一定会受到严惩。

02

性侵害，指的是违反他人意愿，以暴力、胁迫或其他手段，强行对其做出与性有关的行为。性侵害涉及各种非意愿的性接触和被强迫的性行为，而猥亵是指性行为以外的淫秽性行为，包括对他人身体的搂抱、触摸等。《中华人民共和国刑法》对于强奸和强制猥亵、侮辱罪，特别是奸淫幼女、猥亵儿童罪都做出了详细的规定。

《中华人民共和国刑法》第二百三十六条，以暴力、胁迫或者其他手段强奸妇女的，处三年以上十年以下有期徒刑。奸淫不满十四周岁的幼女的，以强奸论，从重处罚。

第二百三十七条，以暴力、胁迫或者其他方法强制猥亵他人或者侮辱妇女的，处五年以下有期徒刑或者拘役。聚众或者在公共场所当众犯前款罪的，或者有其他恶劣情节的，处五年以上有期徒刑。猥亵儿童的，处五年以下有期徒刑；情节恶劣的，处五年以上有期徒刑。

关于负有照护职责人员性侵未成年女孩，《中华人民共和国刑法》中也有专门的规定，对已满十四周岁不满十六周岁的未成年女性负有监护、收养、看护、教育、医疗等特殊职责的人员，与该未成年女性发生性关系的，处三年以下有期徒刑；情节恶劣的，处三年以上十年以下有期徒刑。

自 2023 年 6 月 1 日起实施的《最高人民法院、最高人民检察院关于办理强奸、猥亵未成年人刑事案件适用法律若干问题的解释》，对于奸淫幼女、强奸已满十四周岁的未成年女性、猥亵儿童、隔空猥亵等刑事案件适用的法律条文都做出了详细的解释。

03

给女儿们讲解了相关的法律条文后，我告诫她们，如果真的不幸遭遇了猥亵或性侵，可以想办法自救，比如以父母马上要来接自己或附近有自己认识的人为由，尽快脱离对方的控制。如果无法摆脱，或是对方以暴力进行威胁，要以自己的生命安全为第一。

被猥亵或性侵后，要立刻告诉父母，或是向公安机关求助，同时要保存好相关的证据，比如录音、录像、事发后医生开具的就医证明等。

不要因为内心的羞耻感而默默承受，那只会更难解脱。如果因为在乎别人的看法，而隐瞒自己的遭遇，只会让犯罪分子有恃无恐，使自己受到更严重的伤害。拒绝配合警方调查的行为，无论是否受到逼迫，都是在包庇罪犯的恶行，让他们逍遥法外，也间接增加了其他女孩受害的概率。

女儿，妈妈想对你说：

1. 触碰隐私部位、拍摄裸照等行为，已经构成了猥亵儿童罪。

2. 性侵是很严重的犯罪行为，应该受到严惩。

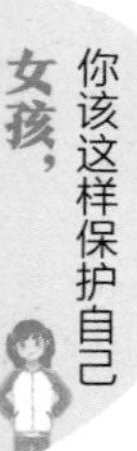

遭遇网络暴力，学会合法维权

暴力行为并不只存在于现实生活中，它早已经蔓延到网络之上。网络暴力对未成年女孩造成的伤害，并不比传统的暴力行为轻。所以，面对网络暴力，女孩要懂得维护自己的权益。

01

一天，大女儿跟我说，班上有几个人在某社交平台上辱骂他们班里的一个女孩，说什么“祝你早点去死”“你出生时就没带脑子”之类的话，而且还不断有别的同学加入进来。

我说，在网上骂人属于网络暴力，那可是违法行为。我给她看了一则网络新闻：在陕西，有两个未成年女生发生了矛盾，其中女孩甲出于怨恨的心理，便找到另一个未成年男孩，由他制作了女孩乙的黑白照片，并配上哀乐及“死亡”等文字，发布到多个平台上，引起很多网友的关注，对女孩乙及其家庭造成严重困扰和精神伤害。虽然女孩甲和男孩均属未成年人，但是他们的行为已经构成了寻衅滋事罪。公安机关责令其删除视频，并对二人进行了批评教育。

大女儿看了新闻后说，没想到在网上造谣、辱骂、诋毁别人也会犯法，那她明天要告诉那个女孩，让她用法律武器来保护自己。

网络暴力，简称“网暴”，是暴力的一种，指的是借助互联网谩骂、诽谤、侮辱、诋毁他人，或散布谣言、恶意传播他人的隐私。这是一种危害严重、影响恶劣的暴力行为，和传统的暴力行为相比，它的隐蔽性更强、涉及范围更广，而且社会影响很大又难以消除。受害者的隐私权、人身安全和正常生活都会受到不良影响，甚至威胁。

网络暴力侵犯了公民的人身权利，情形严重的网络暴力属于违法行为，需要被追究刑事责任。根据《中华人民共和国刑法》第二百四十六条，以暴力或者其他方法公然侮辱他人或者捏造事实诽谤他人，情节严重的，处三年以下有期徒刑、拘役、管制或者剥夺政治权利。

《最高人民法院、最高人民检察院关于办理利用信息网络实施诽谤等刑事案件适用法律若干问题的解释》中规定，利用信息网络诽谤他人，同一诽谤信息实际被点击、浏览次数达到5000次以上，或者被转发次数达到500次以上的；造成被害人或者其近亲属精神失常、自残、自杀等严重后果的，都应当认定为刑法第二百四十六条第一款规定的“情节严重”。

03

在遭遇网络暴力的时候，我建议女儿们先不要慌张，一定要向父母、老师寻求帮助，然后，可以在父母、老师的帮助之下，采取适当的维权措施，比如要求对方删除不良言论并进行道歉，要求平台删除相关内容，等等。

假如网络暴力已经产生了很严重的影响，或是对自己造成了实质性的伤害，可以向公安机关报案。不过，在报案之前，应该先收集整理相关的证据，比如网友的恶意留言和发言，自己收到的私信和信息，姓名、联系方式、家庭住址等个人隐私信息遭到泄露的各种证明，自己因此而受到的各种损失，等等。

另外，还可以委托律师，依靠以上证据，向对方提起诉讼，以维护自身权益。

女儿，妈妈想对你说：

1. 面对网络暴力，希望你做一个内心强大的女孩，不要被网络暴力所打败。

2. 隐忍并不能让辱骂和谣言停息，借助法律才能维护你的权益。

第章

伤人的语言，要避免祸从口出

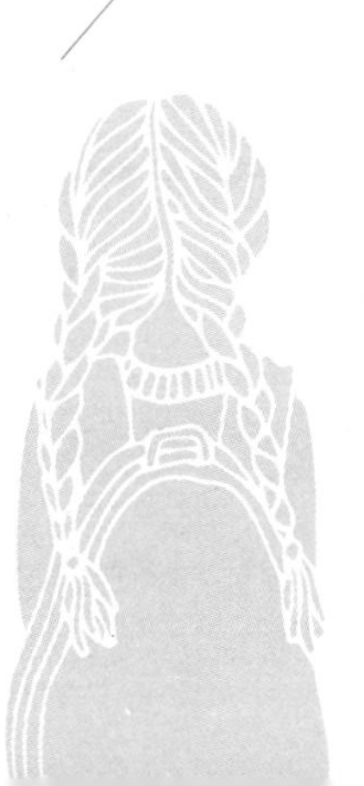

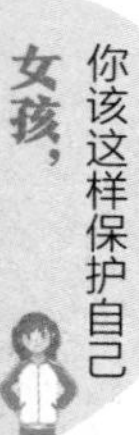

和同学发生矛盾，不说狠话

和同学发生矛盾，是不可避免的事情。可是，在发生矛盾的时候说狠话，不仅会伤害别人，也会激化矛盾，导致对方情绪失控，引起更严重的后果。

01

我去朋友家做客的时候，听朋友说起她女儿小霜的一件事。小霜在学校里和同学发生了矛盾，起因是一个位置。在图书馆里，小霜刚看了一会儿书，就起身去上厕所了，等她回来后，发现有个女同学正坐在她的位置上。两个人为了这个位置吵了起来，小霜一时气愤，就对着那个女同学吼道：“你没长眼吗？没看见这里有本书吗？这个位置有人，你还坐，不要脸！”

没想到，对方也不甘示弱。两个人扭打在一起，互不相让。好在旁边的同学及时把她们给分开，这才没造成太严重的后果。朋友无奈地跟我说，小霜这孩子平时脾气就很暴躁，已经告诫她很多次要好好说话，可她就是不听。这次恐怕要受到处分了。

我们总觉得男孩冲动起来，会口出恶言，其实女孩之间在发生矛盾的时候，也容易恶语相向，随之而来的纠纷也有很多。

女孩在学校与同学的交往中，可能会产生不必要的矛盾。有时候，可能一句平常的话或是一个小小的动作，就会引起误解。当矛盾发生的时候，我们要想办法去解决它，而不是恶语相向，让矛盾进一步恶化。

未成年人的情绪起伏比较大，可以说正是“易燃易爆”、不稳定的阶段，再加上缺乏自我控制能力，如果这时候对方说了侮辱、责骂的话，她们很容易就会在情绪上头的时候，做出冲动性的行为。很多故意伤害和暴力事件就是由此而来的。

孩子之间说话、做事往往很直接，可能因为一件事情，说翻脸就翻脸。很多女孩会在翻脸时说狠话，小时候可能会直接说“再也不跟你一起玩了”。但小孩子之间闹矛盾，没多久就会和好。

但是，如果总是喜欢恶语相向，或是在情绪失控之下发脾气，友情就很容易破碎。因为，她们往往意识不到，这其实是一种语言暴力，攻击性很强，杀伤力很大，有着直戳人内心的力量。

同学之间闹矛盾，大多是因为一些鸡毛蒜皮的小事，很多时候都是因为

误会。人在气头上，会越想越生气，很容易让矛盾激化。我告诉女儿们，发生矛盾时，要先冷静下来，想一想前因后果，看一看里面有没有误会。直接找对方平心静气地谈一谈，或许就能把矛盾化解开。

矛盾的发生，往往不是一个人的事。作为当事人，不妨先考虑自己哪里做得不对，觉察反省自己的行为，然后换位思考，站在对方的角度上，将心比心地设想对方为什么那样做。这时候，我们的情绪就不会激动了。

如果错在自己，要敢于承认，勇于道歉，争取对方的谅解。如果错在对方，也不必非要等对方来道歉，可以大度一些，与对方握手言和。如果主动请求和解，还是不能消除误会，可以请共同的朋友出面调解。

发生矛盾的时候，双方都会比较激动，这时候不妨暂时分开，稍后找适当的时机，再私下和对方交谈，寻找双方都能接受的解决方法，淡化之前的不愉快。

女儿，妈妈想对你说：

1. 学会宽容和理解，才能让友谊天长地久。

2. 友好相处，以和为贵，能够减少不必要的矛盾。

高情商的女孩，懂得给人留面子

孩子说话往往很直白。很多女孩眼中看到什么，心里想到什么，就会说什么。这种直白有时会让人感觉到尴尬和被冒犯，从而不知不觉中得罪了对方。

01

大女儿的几个朋友有时候会来我家里做客。有一次，几个女孩刚走，我边收拾屋子，边问女儿："我记得你们班上好像有个叫子晴的女孩，怎么好久不见她来咱家玩了呢？"女儿无奈地叹了口气："别提啦，前些日子发生了件事情，我们几个人共同决定以后不和她做朋友了。"

原来，几天前，她们几个女孩聚会，其中一个叫小蕊的女孩高兴地指着自己身上的连衣裙说，这是爸爸妈妈奖励她成绩进步的奖品。这几个女孩对衣服品牌如数家珍，一看就知道这是一个很一般的牌子，而且这条裙子是过季的款式，属于打折品。

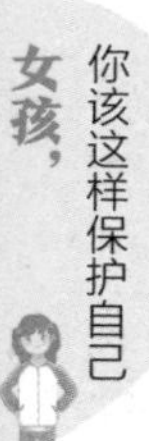

不过，大家都知道小蕊家境不太好，就默契地都没有多说，纷纷称赞这条裙子好看。偏偏子晴和大家唱反调，她上来就说小蕊这条裙子早就过时了，还笑小蕊是不是被爸爸妈妈给糊弄了。

小蕊本来就挺敏感，听了这话，两个人就吵了起来。好好的聚会被搅黄了。大女儿抱怨说，子晴说话从来都不给别人留面子，总是弄得别人下不来台。以前大家都不愿意和她计较，可她总是不改，现在大家都不愿意忍了，共同决定要和她绝交。

02

人们常说“人有脸，树有皮”，这句话说明人都是爱面子的。面子事关一个人的尊严，有些人甚至把面子看得比利益更重要。所以，一个成熟的人，既懂得爱护自己的面子，也会给别人留面子。不过，孩子却未必能像大人那样成熟，在说话做事时可能顾不到别人的面子和情绪，会让对方很不愉快。

这样的孩子大多在家里很受宠爱，导致自我意识很强，说话、办事总是以自我为中心，和人交往的过程中就比较主观，比如觉得别人说错了就会理直气壮地指责，遭到别人的反驳会很生气、很委屈。

不太会考虑别人感受的孩子，一般共情能力都比较低，即情商低。而共情能力强的孩子，知道什么话该说，什么话不该说，也知道什么事情能做，什么事情不能做。他们说话做事都懂得适度，会给别人留出余地。

真正有情商的孩子，都懂得给别人留面子。他们不会在人际交往中吃亏，甚至得罪人还不自知。因为能够很好地和别人相处，他们的人缘往往比较好，在遇到困难的时候，也会得到很多帮助。

03

人人都渴望被支持和被理解，没有人喜欢被否定和被拒绝。说话、办事想要表现得高情商，即使自己的意见和对方相去甚远，都不妨先顺着对方的意思，肯定其中那些我们赞同的部分，然后再委婉地表达自己不一样的观点。

就算是批评别人，也要注意言辞，不要伤了别人的面子。在批评的时候，也要说一些好话，让对方面子上过得去。这样对方才会更愿意接受我们的意见。如果不是涉及原则、底线的问题，即使看得很明白，也无须说出来；即使自己再有理，也不必得理不饶人；即使别人是在吹牛，也不必拆台。这样既能给别人面子，也不容易得罪别人。

说话、做事要留有余地，一是给自己留余地，十分话要说七分，即使有百分之百的把握也不要太绝对。二是要给别人留余地，“凡事留一线，日后好相见”，别人有了困难、犯了错误，不要落井下石。

在聊天时，如果对方表现出很生气或很尴尬的样子，可以适时地给对方“台阶”下，比如替对方找个理由，或是转移话题。这样对方可以免于出糗，一来能避免对方记恨或报复，二来能得到对方的感激和好感。

女儿，妈妈想对你说：

你的面子很重要，别人的面子也很重要。想要别人给你面子，你也要给别人面子。

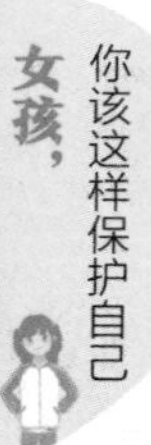

别人的隐私，不能随便泄露

总有些女孩喜欢拿别人的隐私当作谈资到处说。把别人的隐私公之于众，这不仅对别人是一种伤害，还可能会制造出许多的事端，背负“始作俑者”的责任。

01

女孩们之间总会有说私房话的时候，如果碰上一个“大嘴巴”，自己的隐私就有可能泄露。

这天，大女儿放学回来，就气呼呼地跟我说，她的一个朋友把她的隐私说了出去，让她特别难受。原来，这天一到学校，就有同学盯着她的大腿看，还问她的腿上是不是有一块胎记？

女儿的腿上是有一块挺大的胎记，平时她都是穿长裤和长裙，就是为了不露出来。我和她说过，等她长大以后，再决定做不做手术去掉。这件事只有家人知道，是怎么传到班里的呢？原来，她和一个女同学聊天的时候，那个女孩说自己胳膊上有块伤疤，感觉有点自卑。她为了安慰对方，就把自己有胎记的事情说了出来。没想到这个女孩转头就告诉了别人。她的这个小秘密转眼就在班里人尽皆知了。

那个女孩表示，自己也不知道对方会到处乱说。虽然她道了歉，可是女儿的心里还是很不痛快。我安慰她，这件事正好让她看清楚了对方，也提醒她，在交往时不要随便泄露自己的隐私，更不要随便泄露别人的隐私。

02

个人隐私指的是一个人不愿意被公开或不愿意别人知道的秘密，而且这类秘密不危害社会和他人的利益，比如个人信息、私生活、生活习惯、身体缺陷等。个人隐私不愿意让别人知道，这是每个人的权利。从法律上来说，每个公民都具有隐私权。

除了成年人以外，未成年人也有个人隐私。对于孩子来说，隐私除了以上那些方面之外，还包括个人缺点、成长经历和家庭问题等。这些都是孩子内心深处的秘密，是他们个人空间的一部分，不应该被别人随意侵犯。

有些女孩觉得别人把秘密告诉了自己，自己就可以随便说出去，殊不知，这是不尊重别人的行为。对方把自己的隐私告诉了你，不代表你可以告诉其他人。别人愿意和你分享秘密，代表对方信任你。随便说出别人的秘密，别人以后就很难再相信你，也不会再向你敞开心扉了。

在背后谈论别人的隐私，可能导致别人因为隐私大白于天下，被人误解或歧视，受到孤立和排挤。曝光别人的秘密，更可能被有心之人所利用。有些人可能会拿这些秘密去嘲笑、欺凌别人，给受害者带来长期的困扰和心理创伤。

03

我教育女儿们，在和别人交往时，不能侵犯别人的隐私，比如，不能未经允许就进入别人的房间、查看别人的私人物品，也不要因为好奇就去打探别人的秘密。

如果知道了别人的隐私，一定要遵守诺言，保守秘密。千万不要在聊天的时候，为了满足口舌之快，就把别人的秘密说出来，更不要在别人有意询问或故意刺激之下，为了显示自己或是逞强而和盘托出。

知道别人的隐私之后，除了要信守承诺以外，也不能以此和对方开玩笑，更不能嘲笑和挖苦对方，因为这会伤害对方的自尊心，导致友谊走到尽头。

女儿，妈妈想对你说：

1. 别人的秘密，即使对方没有要求你保密，你也不能外泄。
2. 故意泄露别人的隐私是不道德的行为，在法律上属于侵权。

揭人伤疤的话，永远不要说

没有人喜欢被揭短。揭别人的短，戳别人的伤疤，无论是不是故意，对方都会很痛，这种伤害肯定会造成两个人之间的尴尬和隔阂，导致彼此的关系破裂。

01

小女儿以前有个小闺密，叫洛雅。这孩子高挑、漂亮，站在一堆孩子里面特别显眼，可以说是这几个小姐妹中公主一般的存在。洛雅也知道自己的相貌出众，多少有些骄傲，说话有时候会有点不客气。

有一次，我女儿过生日，请几个女孩来我家参加聚会。宴席上，我问几个女孩将来想做什么。几个女孩有的说以后想做作家，有的说以后想做设计师，还有一个脸蛋圆圆的女孩说想当演员。

洛雅一听就扑哧一声笑了，说当演员对外貌肯定有要求的，太胖的人上

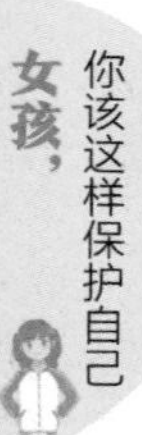

镜不好看。我女儿拉了拉她的袖子，示意她打住。可是洛雅没有领会这个意思，反而喋喋不休地说着相关的话题，还拿那个女孩肉肉的脸开玩笑，惹得那小姑娘一直抹眼泪。

后来，洛雅自然是和我女儿她们渐渐疏远了。如果她不是这么口无遮拦，也不会被曾经的朋友们疏远。

02

在人际交往中，每个人身上都有“雷区”，它包括的范围很广，失误、劣势、缺陷、痛处、禁忌、不愿意提及的经历等。这些就像身上的伤疤一样，自己不想回忆，也不想让别人知道。一旦被人揭穿，就等于是在伤口上撒盐，任谁都不会舒服。

揭人伤疤，戳人痛处，相当于把别人结好的痂撕开来，强迫别人回顾不愉快的过往，对方除了内心感到伤痛以外，还会觉得自己没有面子。这样做很容易得罪人，遭到对方的怨恨，以后可能会遭到打击报复。

有的女孩可能是无心之失，在不了解对方的情况下，无意之中触犯了对方的忌讳，这尚且情有可原。但是，如果在知道对方“老底儿”的情况下，还揪着不放，那就是成心揭短了。有的女孩在和朋友聊天时，还喜欢拿朋友的短处来开玩笑，以为这是一种“幽默”，能够活跃聊天时的氛围。其实，这样非常伤害朋友的感情。就算对方当面不表现出来，内心也肯定不好受。

有些女孩常常在和对方吵架的时候，因为一时冲动或生气，就狠狠地去戳对方的痛处，这相当于攻击别人内心最脆弱的部分，会导致对方瞬间被击溃。这样的话一出口，对方只会更加恼怒，矛盾也会由此激化。

03

在和朋友相处时，我教导女儿们应该尽量做到知己知彼，了解对方的优势和劣势，特别是对方的禁忌有哪些。在平时和对方聊天时，注意对方排斥和反感的话题，那些应该都是忌讳。这时候就要注意，除非对方主动谈起，否则在聊天时最好不要主动提及，尽量避免为好。

对方身体、外貌上的一些缺点或者残疾，应该在聊天时予以回避。不要打着善良的旗号，一直去谈论这些，试图劝说或给对方疗伤，这会让对方特别不快，还会有一种被歧视的感觉。

在和别人交流的时候，不要只顾着满足自己的表达欲，多关注对方的情绪和感受。即使是生气，不知道该怎样争辩的时候，也不要口无遮拦地提及对方不光彩的事情。如果一时之间不知道对方的忌讳，可以多夸对方的优点，这比提对方的缺点要好得多。

女儿，妈妈想对你说：

1. 打人不打脸，骂人不揭短。尊重和理解，是维持良好人际关系的必要条件。

2. 学会将心比心，不要因为你没有经历过同样的痛苦，就去随便触碰别人的伤疤。

第章

勇敢地拒绝，要拒绝诱惑

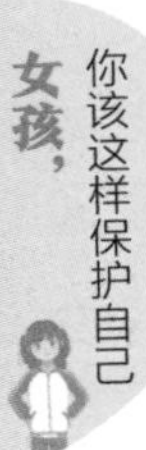

不去酒吧、KTV 等娱乐场所

酒吧、KTV 之类的娱乐场所，是父母、老师三令五申不允许孩子进入的地方。可越是这样，有些女孩越是好奇。殊不知，之所以不让她们去，是因为这些地方暗藏着很多风险。

01

大女儿在班上有几个好朋友。这天有个女孩过生日，对方邀请她参加自己的生日聚会。本来我不反对她们凑在一起，不过听到女儿说，那个女孩邀请她们去酒吧的时候，我还是坚决拒绝了。

未成年人进入酒吧实在是太危险了。女儿问我，她们一起去也不行吗？人多不是更安全些吗？我笑着说，就算人再多，你们也是未成年人，别说法律规定未成年人不允许进入娱乐场所，就算是让你们进去了，人多也未必安全。

我跟女儿说，你们不要觉得在娱乐场所里，人多、不喝酒就安全。那些地方不可控的因素太多，所以才不许你们去。女儿点了点头。

02

娱乐场所里面人员比较复杂，容易发生各种犯罪案件。未成年女孩涉世不深，自我保护意识不强，容易被心怀不轨的人纠缠、猥亵或跟踪，在醉酒或被下药的酒水、饮料迷晕或失去意识时，还容易被坏人带走，遭到性侵。

娱乐场所里都会售卖酒水和香烟，未成年女孩如果经常出入其中，很容易沾染上酗酒和吸烟的坏习惯。这两种习惯对女孩的健康有很大的影响。有些不法分子会在这些地方吸食和贩卖毒品，一旦女孩不慎染上毒瘾，危害就更大了。

经常出入娱乐场所，可能会影响孩子的学习。娱乐场所内纸醉金迷的生活，对未成年女孩来说是一种很大的诱惑。有些女孩认为这些地方好玩又放松，便会为了玩荒废学业。有些女孩被这些场所的招工信息所诱惑，想要轻松赚取高薪，就会辍学来这些地方打工，还有可能陷入“黄赌毒”的陷阱中。

就算进入娱乐场所中不会遭遇安全风险，也不会受到人身损害，单纯喝酒对女孩的消化道、大脑和肝脏等也会有危害，过量饮酒还容易造成酒精中毒。

03

《中华人民共和国未成年人保护法》规定，营业性歌舞娱乐场所、酒吧、互联网上网服务营业场所等不适宜未成年人活动场所的经营者，不得允许未成年人进入；游艺娱乐场所设置的电子游戏设备，除国家法定节假日外，不得向未成年人提供。经营者应当在显著位置设置未成年人禁入、限入标志；对难以判明是否是未成年人的，应当要求其出示身份证件。

我指着这条法律条文告诉女儿们，她们这些未成年人根本无法进入这些娱乐场所，不仅因为场所门口有禁入标志，还因为工作人员会检查她们的身份证件，一旦发现她们未成年，就会拒绝她们进入。她们想去游戏厅，也只能在法定节假日才能去。

小女儿说，酒吧不能去，那去 KTV 唱歌总可以吧？她同学就和父母一起去过 KTV。我说这也是违法的。《中华人民共和国未成年人保护法》规定，未成年人的父母或者其他监护人不得放任未成年人进入营业性娱乐场所、酒吧、互联网上网服务营业场所等不适宜未成年人活动的场所。另外，《娱乐场所管理条例》规定，未成年人也不可以在娱乐场所工作。

女儿，妈妈想对你说：

1. 公园、游乐场、图书馆、博物馆等地方更适合未成年人去游玩。

2. 收到去娱乐场所的邀约，要坚决拒绝或是提议换个地方。

如果有人劝你吸烟，坚决拒绝

在我国，严禁未成年人吸烟。不过，仍然有很多未成年女孩会出于各种原因，尝试去吸烟，甚至上瘾。实际上，烟草是有百害而无一利的东西，女孩们应该远离。

01

有一次，我去接女儿们放学的时候，在学校附近看到一些穿着校服的孩子在吸烟。最让我震惊的是，里面居然还有很多女孩。说实话，那还是我第一次见到。有些女孩表情十分自然，好像吸烟是很正常的事情；还有些女孩动作特别娴熟，一看就经常吸烟。

我特意问过女儿们，在她们班上有没有人吸烟？她们说班上会有几个人吸烟，其中也有女孩。我又问她们，在学校里有没有人给过她们烟，或者邀请她们一起吸烟？小女儿说没有。大女儿说班上女同学吸烟时，被她撞见过。对方一点也不慌张，还把烟盒掏出来，请她一起吸，被她婉言谢绝了。

女儿们说，她们都知道“吸烟有害健康”，自己是不会吸的。不过，大女儿说她问过一个吸烟的女同学，烟的味道那么刺鼻，而且吸烟不健康，为什么还要吸？那个女孩笑着说，每次吸烟时，烟从喉咙里咽下去，然后从鼻孔里冒出来时，那种感觉特别爽。

每次当她萎靡不振或是感觉不开心的时候，只要抽上一支烟，立刻就能精神很多，心情也会舒缓不少。那女孩还说，和她关系好的几个同学都在吸烟，如果她不吸烟的话，就没办法和大家一起玩了。

那个女孩说自己现在每天都盼着早点下课和放学，这样就能去厕所或隐蔽的地方抽一根烟了。每当她在这些地方看到其他抽烟的同学时，大家也都会心照不宣地笑一笑，偶尔还会分享各自的烟。

大女儿担心，要是父母、老师发现她吸烟可怎么办？女孩笑了笑说无所谓，反正大家都在吸。大女儿又问她，不打算戒烟吗？女孩像看外星人一样看她：“为什么要戒啊？多酷啊！”

大女儿跟我说，这个女孩的话让她对吸烟特别好奇，差点就想买一包烟尝试一下了。不过，烟酒店的老板坚决不肯卖烟给她，这让她郁闷了好久。

我戳了戳她的头说，烟酒店不把香烟卖给她是正确的，像她这样的未成年人就不应该吸烟。她吐了吐舌头，向我保证再也不会有吸烟的想法了。

02

我们总觉得男孩更容易吸烟，其实未成年女孩吸烟的情况也不在少数。她们会吸烟，主要是因为模仿，可能受家庭的影响，也可能是受到同学或朋友的影响。特别是如果有同学或朋友吸烟，很多女孩就容易“随大流”，跟着吸烟。

影视剧中吸烟的情节，也会导致女孩进行模仿。如果女孩喜欢的偶像也有吸烟的行为，她们也可能会出于对偶像的崇拜之情去模仿。

好奇心也是女孩吸烟的原因之一。青春期女孩会因为追求新鲜刺激，对吸烟产生好奇心，从而跃跃欲试地想要去尝试，进而习惯了吸烟，甚至上瘾。

有些女孩会借由吸烟来缓解负面情绪。她们在感到孤独、无聊、焦虑，或是因为学业或其他事情遭遇挫折、压力过大时，就会用吸烟这种方式来舒缓情绪。

还有些女孩吸烟，是为了标榜另类，追求所谓的个性。她们渴望长大，迫不及待地想向世界宣告自己已经是大人了，而吸烟便被视为成年的“标志”之一。

其实，女孩吸烟的行为并没有她们所认为的那么“酷”，更没有她们所想象的那样优雅。吸烟不仅不会给她们带来任何益处，相反，还会给她们带来很多坏处。未成年人的身体发育还不完善，抵抗力弱，吸烟的危害性，相比成年人来说会更大。

烟草中的尼古丁会影响孩子的智力。尼古丁容易让人成瘾，对脑神经有毒害作用，会导致孩子出现记忆力减退、注意力不集中、精神不振等现象，影响智力发展和学习。

吸烟还会引起各种疾病。未成年人心肺功能还没有发育成熟，吸烟过多容易导致心脑血管和呼吸道疾病的发生，即使短期内没有什么问题，成年后患相关疾病的概率也会增加很多。

长期吸烟，烟草中的有害物质还会导致女孩初潮期推迟、经量减少、经期紊乱、内分泌失调，进而引起排卵异常，卵子质量下降，成年后有可能会导致不孕或增加流产风险。经常吸烟还会影响女孩的皮肤，导致皮肤发黄、暗淡。

03

关于吸烟的问题，我叮嘱女儿们，我不希望她们吸烟，不只是因为吸烟对身体有很多损害，还因为烟瘾可能会导致她们染上其他的恶习。而且，有些别有用心的人会派发一些掺有迷药或毒品的香烟，女孩在误吸后容易受到侵害或从此染上毒瘾。

如果她们的朋友或同学中有人在吸烟，甚至怂恿或诱惑她们一起吸烟，我希望她们能够坚持自己的原则，婉言谢绝，不要因为友情、面子或一时的好奇贸然尝试。

心情烦闷的时候，可以和父母，或是找自己的朋友倾诉，避免用吸烟来缓解压力。另外，未成年女孩吸烟会给人留下一种不好的印象，不仅影响自己的形象，也容易被别人归入不良少女的行列中去。

女儿，妈妈想对你说：

1. 魅力是内在的气质，与吸烟这种外在行为无关。

2. 吸烟的“酷”是以燃烧生命为代价的，希望你珍惜生命，远离烟草。

面对陌生人的求助，多留一些心眼

单纯善良的女孩面对陌生人的求助，大多不会怀疑。她们不知道的是，自己毫无保留的信任可能会给自己带来怎样的伤害，甚至付出鲜血和生命的代价。

01

上周末，我和小女儿在外面遛弯。她蹦蹦跳跳地在前面走，我在后面慢慢跟着。这时，一个中年女人走过来，问我女儿："小姑娘，你知道这附近有ATM 机吗？"我女儿想了想，指着前面说："那边好像有一个。"女人道谢后就走了。

我走到她跟前，问她："要是刚才那个女人让你给她带路呢？""当然不去啦。"女儿想也没想地说，"我只会指路，不会带路的，这样就不怕被拐走啦。""要是她拿着蛋糕、薯片，让你跟她走呢？""我坚决不去。"女儿笑嘻嘻地说，"你跟爸爸不是经常给我和姐姐讲，在外面有人求助，不要随便帮忙，不给人带路，不送人回家嘛。这些我们都记得。"

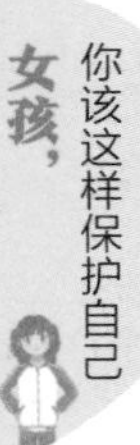

我点点头，看来平时我和老公总算没白教。亲戚们还说我们俩这样会把孩子教得冷漠自私。其实，我们这样做只是想让孩子多点防范意识罢了。

02

父母总是教育孩子要热情善良、乐于助人，可这往往也会给坏人实施犯罪制造机会。很多坏人正是利用这一点，通过向孩子求援，来达到自己不可告人的险恶目的。

一般来说，陌生人的以下几种求助方式就比较可疑。

请求带路：以问路、寻找某个地点为由，请孩子给他们带路。一旦孩子跟他们离开，到了某个偏僻的地方，他们就会实施犯罪，或是将孩子拐走。

搬东西：以东西太重为由，请孩子帮忙，引诱孩子随他们去某个偏僻的地方。

买东西或送东西：请孩子帮他们去某个不起眼的地方买东西，或是将东西送给某人，那里可能埋伏着犯罪团伙准备将孩子掳走。

找宠物或找人：以帮忙找宠物、找人为由，引起孩子的同情心，吸引孩子和他们离开。

送人回家：以身体不适为由，请孩子送他们回家，或是请孩子把他们送到路边的车上，然后趁机将孩子带走。

这些方式最终的目的，都是为了让孩子进入偏僻无人的场所或是封闭私密的空间，方便给他们可乘之机。一旦孩子落入陷阱，有的犯罪分子会用胁迫、恐吓的方式，对孩子进行猥亵和侵害，有的犯罪分子则会和同伙将孩子控制起来并转移，进行拐卖。

03

女儿们热心助人，我和孩子爸爸当然不会阻拦她们。可是，我们在教她们善良的同时，也会教她们识别坏人的能力。毕竟，坏人不会把“我是坏人”写在自己脸上，要是没有辨别能力，孩子的善良反而会害了自己。

我告诉女儿们，找比自己强的人帮忙才是常理，所以，大多数情况下，成年人不会找比自己弱小的人帮忙，尤其是未成年人。身强力壮的人如果要找一个小女孩帮忙，那他极有可能有问题。

如果一个成年人请她们帮忙做一件很简单的小事，或是要求她们去偏僻的街道、小巷，进入他们指定的地方，通通都要拒绝。假如遇到的是老人、孕妇、病人、残疾人等弱势群体，帮助他们的最好办法是找警察、医生等人。

和陌生人说话时，要注意保持一定的距离，防止对方牵制住自己。而且，还要远离路边的车辆，避免被强行拖拽。

女儿，妈妈想对你说：

1. 这个世界，好人有很多，坏人也不少。宁可看上去没礼貌，也不要给坏人可乘之机。
2. 古人说“害人之心不可有，防人之心不可无”，帮忙的前提是保证自己的安全。

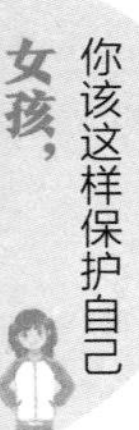

被男生追求，应该怎么办才好

面对爱慕者的追求，女孩心里肯定忍不住地开心、得意，但也可能会不知所措。不过，天底下没有无缘无故的爱，对于男生的示好和殷勤，女孩还是应该谨慎小心。

01

一天，我去接大女儿回家，在校门口看见她和几个女同学一起走出来。她们正聊着天，突然跑过来一个男孩。那个男孩跑到我女儿面前，手里拿着一个盒子，塞到我女儿手里，飞快地说了一句："送给你的。"然后就跑走了。

我女儿一时没反应过来，她身边的女同学就开始起哄了。等她身边的人都散了，我才走过去，问女儿手里拿的是什么。女儿叹了口气说，最近班上有个男生总和她搭讪，给她买零食。这不，又送来了礼物。

女儿说，明天就把礼物还回去。要是男生不要，就把钱给他。当下学习最重要，自己坚决不能被这些“糖衣炮弹”给“俘虏”了。听她这么说，我就放心了，还提醒她，拒绝时要注意分寸，不要引起矛盾。

02

女孩天生喜欢被赞美，再加上心思单纯，没有心机，可能几句动听的情话、几包零食或是一件小礼物就能够让她们很感动、很受用，沉浸在美梦中失去思考能力，一头栽入“恋爱”的幻想中，甚至被别有用心之人所迷惑，掉进陷阱。

有些女孩被男生的甜言蜜语所迷惑，开始早恋。她们不知道的是，优秀的同龄人大多忙于学业，没有时间和精力谈恋爱，只有那些对未来毫无规划的男生才会忙着谈情说爱、放纵自己。这种无法承担责任的追求不是爱情，而是不负责任。女孩如果盲目地接受了，就会被拖累，前途也会被耽误。

有些女孩对男生没有深入了解，不清楚对方的人品、性格，或是内心对于感情还有顾虑，却禁不起男生的纠缠，就盲目地开始谈恋爱，这相当于在冒险。一旦看走眼，遇人不淑，女孩会在感情中受到很大的伤害。

网络上的暧昧和撩拨，也有很大的水分。很多人只是想借着网络欺骗年幼的女孩，以此满足内心的欲望，并不是真的想要追求一段感情。在他们看来，年轻女孩最好骗，一点小恩小惠就能轻松拿下。女孩如果盲目相信，十有八九会上当受骗。

03

女孩涉世未深的时候很容易被所谓的“追求”迷惑双眼，更容易被品行不端的人所骗。我告诫女儿们，面对男生的赞美，一定要提高警惕，保持清醒。有人主动示好、献殷勤的时候，不妨思考一下他为什么这样做。

即便是同学、认识的人，也不要放松警惕。最好和他们保持一定的距离，因为你不了解对方的为人，也不明白对方接近你的真实目的。

面对纠缠，一定明确地拒绝。特别是不喜欢对方时，一定要拒绝对方的礼物和要求。语言上要温和而坚定，不要嘲讽、诋毁对方，或是当众炫耀对方的表白，伤害对方的自尊。可以尝试冷处理，对男生保持冷漠，少说话、少接触、少来往。

女儿，妈妈想对你说：

1. 爱情很美好，但是不要盲目接受别人的好感，以免让自己沦为“爱情”的牺牲品。

2. 面对诱惑，希望你能多思考，保持冷静和理智，学会保护自己。

第章

张扬的个性，要内敛一点

端正价值观，远离盲目攀比

比吃穿、比名牌、比家庭条件……在没有形成正确价值观的年纪，女孩之间很容易出现攀比现象。如果不能摆脱这种攀比心理，女孩自己和她们的家庭可能会受到很多负面影响。

01

单位午休时，我和几个同事闲聊。一个同事说到自己上高中的女儿前些日子买了一套护肤品，而且还是大品牌，问她时，她说班上好多女同学都用这个牌子，她也想买来试试，于是就用自己的压岁钱买了一套。同事感慨道，那个牌子连她这个大人都不舍得买，没想到孩子们居然这么奢侈。

另一个同事说，现在上小学的孩子就已经开始攀比了。她带上小学二年级的女儿去买运动鞋，女儿直接就把她拉到几个名牌运动鞋的柜台前面，跟她说班上的同学都买这些牌子的鞋，不但好看，而且穿着也舒服。同事只好给她买了一双。

还有一个同事家的女儿，不比别的，就喜欢比车比房。一天，这个女孩回到家后，很不高兴。同事以为她在学校和同学闹了矛盾，正想劝她，忽然女儿问她，为什么家里没有汽车，没有大房子？她的很多同学都是父母开车接送，家里的房子都很大，只有她是父母骑电动车接送，家里的房子还那么小。听到孩子说出这样的话，同事既无奈又伤心，觉得自己的教育方式是不是出了什么问题。

其实，我小女儿也有过这样的情况。一次，她回到家后就气冲冲地和我说要换一个新书包。她的书包还很新，我问她为什么要换，她一脸委屈地说，班上好多同学都买名牌书包，只有她背这么土的书包。

我问她："你怎么就觉得自己的书包土了呢？""本来就是嘛，那些人的书包都比我的好看，还都是贵的牌子。我都不敢和她们一起玩，怕她们笑话我。"她越说越委屈，差点哭出来。看着她难过的样子，我却觉得很好笑，跟她说："傻孩子，难道你们班上和学校里只有你不用名牌的书包吗？那其他人怎么办？难道全都回家让爸爸妈妈给他们买吗？"

我说："你这么小的年纪，就学会攀比了，不过这倒也正常。可是，妈妈希望你好好想想，如果你总和别人比，那永远都没有尽头，而且很容易输。这样你会快乐吗？"看着陷入沉思的女儿，我知道一定要给她们灌输正确的价值观和消费观，否则后患无穷。

02

攀比心理的产生有多种原因。其一，受到家庭和外界的影响。家庭环境总是强调比较和竞争，存在攀比的氛围，孩子就容易产生攀比心理。想要追逐潮流的心理也会让孩子变得爱攀比。

其二，受到同龄人的影响。孩子们之间，谁的物质条件好，都会让周围的同学艳羡。有的女孩受到了影响，觉得别人有的东西，自己也要有，而且还要比别人更好，这样才能得到同伴的关注和认可。

其三，自卑心理在作怪。有的女孩因为家境原因，产生了自卑心理。为了不被人看不起，也为了证明自己，她们就想要通过与人比较和超越别人，来获得自信心，从而产生攀比心理。

其四，弥补情感上的空虚。有的女孩在家庭中受到忽视，或是在学校中被冷落，没有朋友，她们就可能试图通过攀比来得到别人的关注和羡慕，从而获得情感上的满足。

过于追求攀比，会增大孩子的心理压力。为了和别人比较，为了比别人更好，孩子要承担很大的心理压力，可能会产生焦虑心理。一旦输给别人，孩子会感到很难过，甚至为此抑郁。

攀比会让孩子的自尊心受损。攀比心过重，会让孩子对自己的价值和能力产生怀疑，降低孩子的自尊心，从而导致自卑。

攀比会加重家庭的经济负担。学生没有独立的经济能力，衣食住行、日常消费全都要依靠父母，互相攀比可能会导致孩子购买不需要的物品，甚至过度消费，给自己的家庭增加额外的经济负担。

攀比还会影响孩子的学习状态。盲目攀比，会让孩子过于关注与别人的比较，分散了注意力，从而变得浮躁，无法专心地学习，甚至会荒废学业。

孩子从小攀比心理就严重的话，价值观会被扭曲，甚至可能会为了达到目的而做出不法行为。在陕西，曾经有多名在中职学校读书的未成年女孩被诱导陪酒。通过和这些女孩谈话，民警发现她们的攀比心理很严重，过分追求吃穿，这也是她们难以抵抗外界诱惑的原因。

03

想要让孩子摆脱攀比心理，我们就要让孩子知道，金钱和物质虽然很重要，人有欲望也很正常，但是人不能成为金钱和欲望的奴隶。除了物质之外，人更应该关注自己的内在品质和人格魅力。

每个家庭的经济条件都不相同，但并不是谁更有钱，谁就更富有。比起物质的丰富，精神富足更加重要。把目光从别处拉回自己身上，不去关注别人拥有的东西，而是去学习更多的知识，有针对性地提高自己，让自己一直成长、进步，才是提升价值的最好办法。

我告诉女儿们，消费的时候要明确自己的需求。并不是别人有什么，自己都要有，而是要看自己是否需要，以及这个东西是否适合自己。购买东西时，要考虑自己的经济条件，超过承受能力，又不是必需的，就不要购买。

女儿，妈妈想对你说：

1. 我只会满足你需要的东西，但不会满足你想要的东西。

2. 一个人真正的价值，并不在于他所拥有的物质，而是在于他的品德和人格。

着装安全，穿着别太招摇、暴露

爱美之心，人皆有之。女孩子天生就爱美，喜欢穿漂亮的衣服，这没有错。但是，在穿着打扮上太过招摇和暴露，不仅不雅观，还可能会给自己带来危险。

01

夏天又到了，天气热了起来。我带着两个女儿去商场，打算给她们添置一些应季的衣服。我们进入了专卖店，两个女儿正在兴致勃勃地挑选衣服，我突然看到几个十几岁的女孩和一个更小一点的女孩，嘻嘻哈哈地跑进店里。

天气还不算太热，可她们都穿得很“清凉”，不是露着肚子，就是露着后背。那个最小的小女孩穿着低胸装和紧身裙，甚至还穿着一双黑丝袜。她们的动静挺大，而且穿得又很惹眼，店里的人都忍不住多看了几眼。

我问女儿们想不想这么穿，她们两个人异口同声地说：“开什么玩笑？穿成这样子出去也太奇怪了吧。我们都记得你从小就教我们，出门时穿戴要整齐得体。”

02

很多未成年的女孩喜欢穿吊带、抹胸、露背装、露脐装、超短裙、黑丝袜等服装，甚至浓妆艳抹，把自己打扮得像个大人一样，只为了追求个性。引得路人频频回首时，她们会为这回头率而窃喜不已。

很多人对这种现象表示反对，但也有不少人，包括女孩自己，认为这是“穿衣自由”。穿衣自由指的是一个人不受别人的限制，可以按照自己的意志，去自由选择想穿的衣服。对于成年人来说，只要不违反公序良俗，如何选择服装，当然是个人自由。可是，对于未成年女孩来说，穿着就必须注意尺度了。

未成年人的心智还不成熟，一味地模仿成年人穿搭，不利于她们身心的健康成长。过早受到成人世界审美风气的影响，会让她们的审美观在潜移默化之中被改变，长久下来，不仅影响她们的审美观，还会对她们的三观造成不良影响。

装扮过于暴露和招摇，还会给女孩的安全带来隐患。在乘坐公交、地铁、出租车等交通工具，或是在外面逗留时，暴露的着装会给异性带来感官刺激，容易吸引一些别有用心的人，导致女孩遭到猥亵、尾随和侵害。

03

时刻注意仪表整齐，是我从小对女儿们的要求。在家里可以穿比较随意的衣服，但是出门在外，一定要文明着装，不能穿过于紧身或太过暴露的衣服，佩戴饰品或化妆也要适度，不能太过夸张。

女儿们的身体还处在发育阶段，平时上学、活动可以穿校服或是宽松、大方、美观的休闲类服装。这样对身体发育有好处，还能让她们感觉舒适随意。

关于选购服装，我建议她们选择适合自己年龄和身形的衣服，以大方得体、实用舒适为主。夏天可以选择透气面料的服装，穿起来既舒服，活动起来也更方便。

女儿，妈妈想对你说：

1. 穿衣自由应该建立在穿衣得体之上。花季少女有一种天然的美，穿着大方得体就已经很好看了。

2. 培养良好的着装习惯，可以规避不必要的风险。

警惕“孔雀心态”，别让虚荣害了你

女孩一旦出现“孔雀心态”，就容易让自己陷入不停地比较、争强好胜的境地，虚荣心不断膨胀，心理逐渐失衡，给自己带来很多麻烦。

01

上次和同事们聊起各自的孩子，有个同事跟我吐槽，说他女儿珊珊才上小学三年级就特别虚荣。只要看见同学，她就会指着自己身上穿的，和手里用的东西跟人家炫耀。这也导致珊珊的衣服、鞋子不但都要买贵的，还必须得是名牌她才肯穿。文具也要买最好的，在外面吃饭要是去便宜的地方，她就会说要是让同学知道了，自己会很没有面子。如果不满足她，她就又哭又闹，还会撒泼，让人特别头疼。

在学习上，珊珊的争强好胜也有些过头了。只要考了第一名，她就会在同学们面前显摆。不过，这次考试，一个同学超过了她，气得她一回家就大声嚷嚷，说这个同学考了第一，肯定是作弊了。学校里唱歌、跳舞之类的活动和比赛，她样样不落下，可要是没有被选为C位，她的情绪就会低落很久。

同事说，在外人看来，自己的女儿特别努力，可是他觉得这孩子这么小就这么要强，甚至还有些执拗，实在是让他和他老婆很担心。

我安慰他说，先不要担心，其实现在这种情况，在很多孩子身上都会或多或少地出现。有些孩子不管做什么事情，都想和别人争个高低，在心理学上，这叫作“孔雀心态”。简单来说，就是争强好胜，这是很多孩子惯有的心理。

02

孔雀的羽毛十分美丽，尤其是开屏的时候，但这种情况并不常见。于是很多人为了让孔雀开屏，会故意用色彩艳丽的东西吸引它。孔雀为了展示自己，就会立刻展开自己的尾羽，却不知这正中了人们的下怀。

孔雀开屏尽管很惊艳，却也有炫耀的意味。日常生活中，有人会像孔雀一样“争强好胜”，总想向别人展示自己最优秀的一面，因此，这种人也会被人们称作“孔雀”。通常来说，他们的自我认知是有偏差的，总希望自己比别人好，所有人的注意力都要在自己身上，容易出现嫉妒、炫耀的心理，见不得别人好，否则就会失望、委屈。

很多女孩也会有这种自恋的心态，她们的虚荣心过强，只能赢，不能输，而且还输不起，遇到挫折或者别人比自己强的时候就显得不堪一击。当别人的穿着打扮或是成绩优于她们时，她们就会抑郁不安或是嘲讽嫉妒。这样的孩子还喜欢攀比，对于别人的优秀之处，不仅羡慕，还会嫉妒，无法公正地去评价别人的成绩。她们很注重外界的评价和认可，别人一句无意的话就会伤到她们的自尊心。她们只喜欢听表扬，不愿意被批评。

有“孔雀心态”的孩子，在社交上容易受挫。凡事都要争第一的孩子，输了就嫉妒、贬低别人，容易让人“敬而远之”，很难交到真心的朋友，也很难得到信任。

有“孔雀心态”的孩子，会变得做作。她们为了博取关注和称赞，喜欢到处炫耀，找机会表现自己，久而久之，就会变得做作，陷入无止境的恶性循环。

有“孔雀心态”的孩子，抗挫折能力会很差。过于看重成败，内心就会很脆弱，一旦失败，她们要么拼命找借口挽回颜面，要么一蹶不振、万念俱灰。

03

为了避免女儿们形成“孔雀心态”，我和老公坚决不溺爱孩子。在家里，我们也会严格约束自己，不去嫉妒别人，也不会目中无人。我们不会用攀比的方式来教育孩子，不用“别人家的孩子”来“激励”她们，也不会为了鼓励她们就贬低别人。

我们会客观、公正地评价孩子的优点、缺点和成绩，也鼓励她们这样去评价别人。每个人身上都有长处和短处，我们希望她们学会取长补短，学习别人身上的优点；看到别人比自己强，要保持心态的平和，真诚地为别人喝彩。

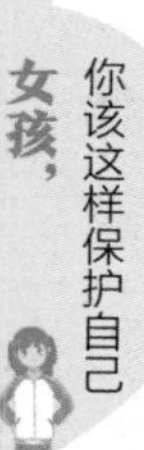

正向的竞争，是理性地剖析自己，凡事都和自己比。只要每天进步一点点，长期坚持下去，一定会变得比从前的自己更好。

女儿，妈妈想对你说：

1. 炫耀会让自己变得愚蠢，也会伤害别人。

2. 凡事都和别人比较，你会活得很累。

3. 输并不意味着错误，赢也并不意味着正确。

4. 追求赢没有错，但为此而变得虚荣就大错特错了。

爱出风头的女孩，并不招人喜欢

青春期的女孩渴望自我表现，希望得到别人的关注，这种心理是正常的。但是，太爱出风头，就会让自己的一举一动变成表演，不仅做作，还会被别人所厌恶。

01

大女儿说她们几个玩得好的女同学里头，有一个爱出风头的女孩。大家一起拍照的时候，这个女孩总是要挤到中间的位置，然后各种摆造型。在一起聊天，她总是会提到自己家里住着几百平米的大房子，爸爸妈妈有着很高的职位。时间一长，大家都挺烦她的，会刻意地避开她，不想跟她凑得太近。

我想，女儿说的这个女孩，就是那种自我表现欲望很强烈，渴望别人关注，特别爱出风头的孩子。在不同的文化背景下，对于爱出风头可能会有不同的观点，但是，太爱出风头，肯定是不合适的表现。

02

女孩爱出风头、想要成为焦点，其实是可以理解的行为。不过，爱出风头的女孩在积极表现自己的时候，往往会忽略其他人的感受。她们会自觉或不自觉地挤占别人的表现机会，显得不太尊重人，因此，在人际交往中容易受到排斥。

爱出风头的女孩，喜欢说大话，或是用夸张的方式，把平常的事情添油加醋，以显示自己的厉害。她们或是喜欢不懂装懂、班门弄斧，或是当众炫耀自己的优点和成绩，夸耀自己的家庭或父母的地位。一旦被别人否定或纠正，她们就会恼羞成怒，拼命狡辩。

爱出风头的女孩，往往比较急躁，凡事急于求成。为了表现自己，她们会迫切地抢先完成或多做一些事情，以求得大家的夸奖，不过这反而容易导致错误的发生，给人一种不踏实的感觉。

爱出风头的孩子，有可能会演变为“自恋型人格”，不能够正确地认识自己身上的优点和缺点，也不承认自己的不足，觉得自己才是最优秀的。

03

我平时会教育女儿们要考虑别人的感受，眼里不能只有自己。在做事情的时候，要避免给别人带来不好的感受，比如在别人说话的时候，不要随便抢话、插嘴，这样是不礼貌的行为。

女儿们做事取得了成功，我和老公会给她们适当的夸奖。过度的夸赞就成了“捧杀”，容易让孩子变得自恋，无法认清自己的实际情况。我们也会督促孩子纠正自身的缺点，让孩子清楚自己并不是完美无缺的。

低调才是真正的高调。我告诉女儿们，低调是一种修养，也是一种谦虚谨慎的态度，更是一种与人和谐相处的艺术。爱出风头的人会被当作“跳梁小丑”，太张扬的人容易被人针对，多给别人表现的机会，更能赢得大家的喜爱和认可。

女儿，妈妈想对你说：

1. 爱出风头可能会显得你聪明机灵，个性鲜明，但有时候也会招致反感。

2. 低调并不是刻意隐藏、默默无闻。该表现的时候要表现，该低调的时候要低调。